KB239028

JavaScript Patterns

자바스크립트 코딩 기법과 핵심 패턴

JavaScript Patterns

by Stoyan Stefanov

ⓒ Insight Press 2011

Authorized translation from the English edition of JavaScript Patterns, 1E ⓒ 2009 Yahoo!, Inc.
This translation is published and sold by permission of O'Reilly Media, Inc., the owner of all rights to
publish and sell the same.

이 책의 한국어판 저작권은 에이전시 원을 통해 저작권자와의 독점 계약으로 인사이트 출판사에 있습니다.
저작권법에 의해 한국 내에서 보호를 받는 저작물이므로 무단전재와 무단복제를 금합니다.

자바스크립트 코딩 기법과 핵심 패턴

초판 1쇄 발행 2011년 11월 3일 **6쇄 발행** 2021년 1월 25일 **지은이** 스토얀 스테파노프 **옮긴이** 김준기·변유진 **펴낸이** 한기성 **펴낸곳**
인사이트 **편집** 김승호 **제작·관리** 신승준, 박미경 **용지** 월드페이퍼 **출력·인쇄** 현문인쇄 **제본** 자현제책 **등록번호** 제2002-000049호
등록일자 2002년 2월 19일 **주소** 서울특별시 마포구 연남로5길 19-5 **전화** 02-322-5143 **팩스** 02-3143-5579 **블로그** http://blog.
insightbook.co.kr **이메일** insight@insightbook.co.kr **ISBN** 978-89-6626-015-7 책값은 뒤표지에 있습니다. 잘못 만들어진 책은
바꾸어 드립니다. 이 책의 정오표는 http://blog.insightbook.co.kr에서 확인하실 수 있습니다. 이 도서의 국립중앙도서관 출판예정도
서목록(CIP)은 서지정보유통지원시스템 홈페이지(http://seoji.nl.go.kr)와 국가자료종합목록 구축시스템(http://kolis-net.nl.go.kr)에서
이용하실 수 있습니다.

프로그래밍 인사이트

JavaScript
Patterns

자바스크립트 코딩 기법과 핵심 패턴

스토얀 스테파노프 지음 | 김준기, 변유진 옮김

인사이트

차례 ―――――――――――――――――――――――

옮긴이의 글

바야흐로 자바스크립트의 시대다. 단순한 웹페이지에서 벗어나 조금 더 동적이고 풍부한 사용자 경험을 제공할 수 있는 가능성을 제공해온 자바스크립트는 어떤 브라우저에서도 동작한다는 큰 장점에 힘입어 저변을 확대해왔고, 이제는 브라우저 세상 밖으로 뛰쳐나와 데스크톱 애플리케이션, 서버 측 프레임워크로도 그 영향력을 키워 나가고 있다.

반면 자바스크립트는 많은 편견과 오해를 받고 있는 언어이기도 하다. 최신 브라우저에서는 많이 개선되었지만, 브라우저라는 제약 아래 처리할 수 있는 기능들이 너무나 부족했고, 일관성 없는 구현과 부족한 문서, 제대로 된 IDE나 디버거도 없다시피하여 개발자들에게는 그다지 환영받지 못한 언어이기도 했다. 이제는 다행히도, 편리한 라이브러리들이 개발되었고, 이로 인해 자바스크립트는 더 많은 개발자들에게 사랑받고 있지만 어쨌든 여전히 까다롭고 베일에 쌓인 신비로운 존재임에는 틀림 없다.

하지만 웹페이지에서의 사용자 경험에 대한 중요성이 점점 커지고 있으며, 편리하고 직관적이며 미려한 UI를 제공해야 할 개발자로서의 의무도 당연시되고 있기 때문에, 자바스크립트는 이쯤에서 다시 한 번 제대로 살펴봐야 하는 언어라고 생각한다. 특히 사용자 플랫폼이 모바일로 옮겨가면서 제한된 능력의 기기와 네트워킹 환경에서의 성능 또한 관심을 기울여야 하며, 이와 더불어 자바스크립트가 크로스플랫폼 모바일 웹애플리케이션에서 핵심적인 부분을 차지하고 있다는 점을 생각해보면 더욱 그렇다.

이 책은 자바스크립트의 독특한 특징과 이를 활용한 코딩 패턴들, 간과하지 말아야 할 안티 패턴들을 콕콕 집어 놓았다. 언어적 측면에서의 접근에 그치지 않고, 실용적인 예제들과 코딩 규칙, 문서 작성 방법 그리고 디자인 패턴, 브라우저 패턴까지 폭넓게 다룬다. 독자의 입장에서 이 책은 생소한 개념을 이해하기도 좋고, 전반적인 패턴들을 깔끔하게 정리하기에도 훌륭한 책이라고 생각한다. 특히 실무에 활용할만한 내용이 많아 유용하다.

좋은 책이라는 확신과 괜한 투지에 불타 선뜻 뛰어들었지만 역시나 번역은 만만치 않은 작업이었다. 사서 시작한 고생의 끝에 출간된 이 책이 누군가에게 조금이라도 도움이 된다면 더할 나위 없이 행복하겠다. 끝으로, 힘든 작업에 끝까지 함께 고생한 유진님, 이 책을 내 손에 쥘 수 있게 도와주신 인사이트의 김승호 에디터님과 한기성 대표님, 함께 일했던 NHN의 Ajax UI랩원들 그리고 누구보다 진심으로 응원해준 친구들에게 고맙다는 말을 전하고 싶다.

2011년 10월 4일
김준기

우연한 기회에 개발을, 그리고 번역을 시작하게 되어 지금 여기에 이르렀다. 내가 왜 이런 일들을 시작하게 되었는지, 나는 이 일의 어떤 점들을 좋아하며 앞으로는 어떤 성취를 이루고 싶은지, 멋지게 대답하고 싶어 고심했던 때도 있었다. 그런데 어쩌다 나는, 외국 책 한 권을 우리말로 옮기게 되었는데도 할 말이 별로 없는 지경이 되었을까. 그간 부지런히 만들어 낸 이런 저런 대답들이, 이 일을 하는 즐거움과 긍지를 설명하는 데는 별로 도움이 되지 않았던 것 같다.

누군가 이 책을 읽다가 '아아...'하고 소리내어 감탄하는 순간이 있었으면 좋겠다. 나는, 그리고 번역 작업 전후로 이 책을 함께 읽은 친구와 동료들에게는 그런 순간이 많았다. 어디선가 들려오는 '아아...'하는 작은 감탄사를 번역 작업의 동력으로 삼았다.

처음부터 끝까지 고생을 함께 한 공역자 준기 님과, 인사이트 김승호 에디터님과 한기성 대표님, 마지막까지 올 수 있도록 당근과 채찍으로 힘을 실어준 NHN Ajax UI랩 식구들에게 감사 인사를 전한다. 아버지가 기뻐하셨으면 좋겠다.

2011년 10월 4일
변유진

지은이의 글

패턴은 일반적인 문제의 해결방법이다. 한걸음 더 나아가서, 패턴은 문제들의 범주에 대한 해답이라고 할 수 있다.

패턴은 문제를 레고 같은 블록으로 나누어, 이미 알려진 부분에는 신경쓰지 않고 문제 특유의 부분에 집중할 수 있게 해준다.

또한 공통의 용어를 제공해 상호간의 커뮤니케이션이 원활해지도록 돕는다.

따라서 패턴을 식별하고 이를 공부하는 것은 중요하다.

대상 독자

이 책은 초보자를 위한 책은 아니다. 자바스크립트 기술을 한 단계 끌어올리려는 프로페셔널 개발자와 프로그래머를 대상으로 한다.

루프나 조건문, 클로저 같은 기본사항들은 전혀 다루지 않았다. 이들에 대해 다시 공부할 필요가 있다고 느낀다면, 추천도서를 참고하기 바란다.

동시에, 객체 생성이나 호이스팅 같은 주제는 너무 기본적으로 보일 수도 있는데, 이들은 모두 패턴의 관점에서 논했고, 자바스크립트의 강력함을 제대로 이용하는 데 필수라고 생각한다.

최선의 관행이나, 더 좋은, 유지보수 가능한, 강건한 자바스크립트 코드를 작성하기 위한 강력한 패턴을 찾고 있다면, 이 책이 바로 당신이 찾고 있는 책이다.

 이 아이콘은 팁, 추천, 일반 노트를 나타낸다.

 이 아이콘은 경고나 주의사항을 나타낸다.

코드 예제 사용

이 책은 여러분의 문제 해결을 돕기 위해 쓰여졌다. 일반적으로, 이 책의 코드를 여러분의 프로그램과 문서에 사용할 수 있다. 코드의 대부분을 그대로 복사하지 않는 이상 사용 허가를 얻기 위해 연락을 취할 필요는 없다. 예를 들어, 이 책의 코드 예제 일부를 프로그램을 짜는 데 사용한다고 해서 허가를 얻을 필요는 없다. O'Reilly books의 예제 CD-ROM을 판매하거나 배포하려면 허가를 얻어야 한다. 이 책을 이용해 질문에 응답하거나 예제 코드를 인용하는 데에도 허가가 필요하지 않다. 대부분의 예제 코드를 법인의 상품 설명서에 사용하기 위해서는 사용 허가를 받아야 한다.

출처를 밝히는 것은 감사하게 생각하지만, 강제 사항은 아니다. 출처를 밝힐 땐 주로 제목, 저자, 출판사와 ISBN을 포함한다. 예를 들면 'JavaScript Patterns, by Stoyan Stefanov (O'Reilly). Copyright 2010 Yahoo!, Inc., 9780596806750.'와 같다.

코드 예제를 사용하기가 꺼림칙하다거나 허용된 권한을 벗어났다고 생각한다면 어려워하지 말고 permissions@oreilly.com으로 연락하기 바란다.

연락 방법

이 책의 웹페이지에서는 정오표와 예제, 추가 정보를 제공한다. 다음 주소에서 확인할 수 있다.

http://oreilly.com/catalog/9780596806750

이 책에 대한 기술적인 질문이나 의견이 있으면 아래 주소로 이메일을 보내기 바란다.

bookquestions@oreilly.com

책이나 컨퍼런스, 리소스 센터, O'Reilly Network에 대한 더 많은 정보는 웹사이트에서 확인할 수 있다.

http://oreilly.com

감사의 글

커뮤니티에 공헌할 만한 좋은 책을 만들기 위해 에너지와 지식을 공유해준 훌륭한 리뷰어들에게 평생의 빚을 지고 있다고 생각한다. 그들의 블로그와 트위터는 꾸준한 경외의 대상이며, 날카로운 관찰력을 배울수 있고, 훌륭한 아이디어와 패턴의 출처다.

- Dmitry Soshnikov (http://dmitrysoshnikov.com, @DmitrySoshnikov)
- Andrea Giammarchi (http://webreflection.blogspot.com, @WebReflection)
- Asen Bozhilov (http://asenbozhilov.com, @abozhilov)
- Juriy Zaytsev (http://perfectionkills.com, @kangax)
- Ryan Grove (http://wonko.com, @yaypie)
- Nicholas Zakas (http://nczonline.net, @slicknet)
- Remy Sharp (http://remysharp.com, @rem)
- Iliyan Peychev

참고 자료

이 책의 몇몇 패턴은 직접 만들었고, 개인적인 경험과 더불어 jQuery나 YUI 같은 인기있는 자바스크립트 라이브러리의 연구에 근거하였다. 하지만 대부분의 패턴은 자바스크립트 커뮤니티에서 만들었다. 따라서 이 책은 많은 개발자들이 작업한 결과물의 총체라고 할 수 있다. 참고 자료의 목록과 추천하는 책은 http://www.jspatterns.com/book/reading/에 올려두었다.

참고 자료의 목록에 원본 문서를 빠뜨렸다면 정중히 사과하며, http://jspatterns.com 온라인 목록에 추가하려고 하니 연락을 주기 바란다.

추천 도서

이 책은 초보자를 위한 책이 아니기 때문에 반복문이나 조건문 같은 몇몇 기본적인 주제는 생략했다. 자바스크립트에 대해 더 배우고 싶다면 다음 추천 서적을 참고하기 바란다.

- Object-Oriented JavaScript by Stoyan Stefano (Packt Publishing)
- JavaScript: The Definitive Guide by David Flanagan (O'Reilly)[1]
- JavaScript: The Good Parts by Douglas Crockford (O'Reilly)[2]
- Pro JavaScript Design Patterns by Ross Hermes and Dustin Diaz (Apress)
- High Performance JavaScript by Nicholas Zakas (O'Reilly)[3]
- Professional JavaScript for Web Developers by Nicholas Zakas (Wrox)

---

1 (옮긴이) 번역서는 『자바스크립트 핵심 가이드』(한빛미디어, 2008)이다.

2 (옮긴이) 번역서는 『자바스크립트 완벽 가이드』(인사이트, 2008)이다.

3 (옮긴이) 번역서는 『자바스크립트 성능 최적화』(한빛미디어, 2011)이다.

1장

JAVASCRIPT PATTERNS

개요

자바스크립트(JavaScript)는 웹 언어다. 자바스크립트는 웹페이지의 이미지나 입력 필드 같은 일부 엘리먼트를 조작하기 위한 수단으로부터 시작되었지만 이제는 엄청나게 발전하였다. 오늘날 자바스크립트는 클라이언트 측(client-side) 브라우저 스크립팅 뿐만 아니라 점점 더 다양한 플랫폼에서 프로그래밍하는 데 사용할 수 있다. 닷넷(.NET)이나 Node.js를 사용하여 서버 측(server-side) 코드를 작성할 수도 있고, 모든 운영체제에서 동작하는 데스크톱 애플리케이션, 애플리케이션 확장 기능(파이어폭스(Firefox)나 포토샵(Photoshop) 등의 확장 기능), 모바일 애플리케이션 그리고 커맨드라인 스크립트를 작성할 수도 있다.

또한 자바스크립트는 독특한 언어다. 클래스가 없으며, 함수(function)는 일급 객체(first-class object)[1]로 다양한 작업에 사용된다. 초기에는 자바스크립트를 어딘가 모자란 언어로 생각하는 개발자들이 많았지만, 최근에는 분위기가 달라졌다. 흥미롭게도 오히려 자바(Java)나 PHP 같은 언어들이 클로저나 익명 함수와 같은 기능들을 추가하기 시작했는데, 이는 자바스크립트 개발자들이 오래 전부터 익숙하게 즐겨써 온 기능들이다.

---

1 (옮긴이) 일급 객체는 다음과 같은 특징을 가지는 객체다.
- 변수나 데이터 구조 안에 담을 수 있다.
- 인자로 전달할 수 있다.
- 반환 값(return value)으로 사용할 수 있다.
- 런타임에 생성할 수 있다.
- 할당에 사용된 이름과 관계 없이 고유하게 식별할 수 있다.

자바스크립트는 굉장히 동적이기 때문에, 여러분이 이미 익숙하게 사용하고 있는 다른 언어와 비슷한 형태로 사용해도 된다. 그러나 자바스크립트의 차이점을 받아들이고 자바스크립트만의 독특한 패턴을 습득하는 것이 더 좋은 접근 방법이다.

1.1 패턴

넓은 의미에서 패턴은 '반복되는 사건이나 개체의 주제로…… 물건을 만드는 데 쓸 수 있는 틀이나 모형이 될 수 있는 것'을 뜻한다. (http://en.wikipedia.org/wiki/Pattern)

소프트웨어 개발에서의 패턴이란 일반적인 문제에 대한 해결책을 가리킨다. 곧바로 복사해서 붙여넣을 수 있는 코드 형태의 답이 아니라, 모범적인 관행, 쓰임새에 맞게 추상화된 원리, 어떤 범주의 문제를 해결하는 템플릿에 더 가깝다.

패턴을 알아보는 것은 다음과 같은 이유로 중요하다.

- 패턴은 검증된 실행 방법을 사용하여 쓸데 없이 시간을 낭비하지 않고 더 나은 코드를 작성할 수 있게 도와준다.
- 패턴은 일정 정도의 추상화 단계를 제공한다. 인간의 뇌가 주어진 시간 동안 생각할 수 있는 정보의 양에는 한계가 있다. 따라서 복잡한 문제를 고민할 때는 저수준의 세부 사항에 신경쓰지 않아도 되도록, 자기 완결성을 갖춘 구성요소 (패턴)들을 사용하여 설명하는 것이 도움이 된다.
- 패턴은 먼 거리에 떨어져 얼굴을 보지 못한 채 행해지는 개발자와 팀 간의 커뮤니케이션에도 도움이 된다. 그저 특정 코딩 기법이나 접근 방법에 이름을 붙이는 것만으로도 모두가 같은 이야기를 하고 있다는 사실을 쉽게 확인시켜 준다. 예를 들어 '즉시 함수'라고 말하는 것(또는 생각하는 것)이 '함수를 괄호로 감싸고 마지막에 다른 괄호 묶음을 두어 정의한 곳에서 바로 실행되게 한 것'보다 쉽다.

이 책은 다음과 같은 종류의 패턴에 대해서 논한다.

- 디자인 패턴
- 코딩 패턴

• 안티패턴

디자인 패턴은 네 명의 저자에서 이름을 따온 책(Gang of Four book 또는 GoF)에서 처음 정의되었다. 이 책은 1994년에 『Design Patterns: Elements of Reusable Object-Oriented Software』라는 이름으로 출판되었다.[2] 디자인 패턴의 예제로는 싱글톤(singleton), 팩터리(factory), 장식자(decorator), 감시자(observer) 등이 있다. 이 디자인 패턴들이 특정 언어에 종속된 것은 아니지만, 주로 C++나 자바 같은 엄격한 자료형 언어(strongly typed language)의 관점에서 연구되어 온 것은 사실이다. 자바스크립트 같이 느슨한 자료형의 동적인 언어(loosely typed dynamic language)의 경우에는 디자인 패턴을 적용하는 것이 말그대로 앞뒤가 안 맞아 보일 때도 있다. 때로는 이러한 패턴들이 엄격한 자료형 언어들이 가지는 특성과 클래스 기반의 상속을 다루기 위한 차선책이 되기도 한다. 자바스크립트에서는 더 간단한 대안이 있을 수도 있다. 이 책의 7장에서 여러 디자인 패턴을 자바스크립트에서 구현하는 방법을 논한다.

코딩 패턴은 더욱 흥미롭다. 코딩 패턴은 자바스크립트 특유의 패턴이며, 함수의 다양한 활용과 같은 자바스크립트의 독특한 기능과 연관된 훌륭한 실천 방법이다. 자바스크립트 코딩 패턴은 이 책의 주요 주제다.

가끔은 안티패턴도 접하게 될 것이다. 안티패턴은 약간 부정적이고 조롱하는 듯한 느낌도 주지만 그렇게 받아들일 필요는 없다. 안티패턴은 버그나 코딩 에러가 아니라, 문제를 해결하기보다는 오류를 더 많이 일으킬 수 있는 흔히 잘못 사용하는 접근 방법을 말한다. 안티패턴은 예제 코드 안에 주석으로 확실하게 표시해두었다.

1.2 자바스크립트의 개념

다음 장에 등장할 몇 가지 중요한 개념에 대해 간략하게 짚어보도록 하자.

객체지향

자바스크립트는 객체지향 언어다. 오래전에 자바스크립트를 접했던 개발자들은 이

---

2 (옮긴이) Erich Gamma, Richard Helm, Ralph Johnson, John M. Vlissides가 쓴 이 책의 번역서는 『GOF의 디자인 패턴(피어슨에듀케이션코리아, 2002)』이다.

사실에 많이들 놀라워한다. 여러분이 보았던 어떤 자바스크립트 코드도 사실 객체일 가능성이 높다. number와 string, boolean, null, undefined 같은 다섯 종류의 원시 데이터 타입만이 객체가 아니다. 이 중 number, string, boolean 타입은 객체의 표현과 동일한 원시 데이터 타입 래퍼(primitive wrapper)를 가진다(다음 장에서 다룬다). 이 원시 데이터 타입 값들은 개발자 또는 내부적인 자바스크립트 인터프리터에 의해 쉽게 객체로 변환된다.

함수 또한 객체다. 함수도 프로퍼티와 메서드를 가질 수 있다.

어떤 언어에서든 가장 간단한 작업은 아마도 변수를 선언하는 일일 것이다. 사실 자바스크립트에서 변수를 선언한다면, 이미 객체를 다루고 있는 것이다. 첫째로 변수는 자동으로, 활성화 객체(Activation Object)라 불리는 내부적인 객체의 프로퍼티가 된다(전역 변수인 경우에는 전역 객체의 프로퍼티가 된다). 둘째로 이 변수는 자신만의 프로퍼티를 가지기 때문에 실제로 객체와 비슷하다. 변수의 프로퍼티를 어트리뷰트(attribute)라고 한다. 이 어트리뷰트의 값에 따라 해당 변수가 수정되거나 삭제될 수 있는지 혹은 for-in 루프로 순회할 때 열거(enumerate)될 수 있는지 등의 여부가 결정된다. 이 어트리뷰트들은 ECMAScript 3에는 직접 드러나지 않지만, ECMAScript 5에서는 어트리뷰트 값을 수정할 수 있는 별도의 설명자(descriptor) 메서드가 제공된다.

그럼 객체란 무엇일까? 객체가 굉장히 많은 기능을 가지고 있으니 뭔가 특별할 것 같지만, 사실 객체는 매우 간단하다. 객체는 단지 이름이 지정된 프로퍼티의 모음이며, 키-값 쌍(다른 언어의 연관 배열과 거의 동일한)으로 이뤄진 목록이다. 객체의 프로퍼티가 함수(함수 객체)일 경우 이를 메서드라고 부른다.

또 하나의 특이한 점은 생성한 객체를 언제든지 수정할 수 있다는 것이다. (ECMAScript 5에서는 변경을 방지하는 API를 도입했다.) 여러분은 객체를 선택하고 이 객체의 멤버를 추가, 삭제하거나 변경할 수 있다. 객체에 비공개 멤버를 두거나 객체에 대한 접근을 제한하는 방법에 관련된 패턴 또한 다루게 될 것이다.

그리고 마지막으로 기억해야할 두 가지 주요 객체 타입이 있다.

- 네이티브 객체 : ECMAScript 표준에 정의된 객체
- 호스트 객체 : 호스트 환경(예를 들면, 브라우저 환경)에서 정의된 객체

네이티브 객체는 내장 객체(예를 들면, Array나 Date) 또는 사용자 정의 객체(var o = {};)로 분류된다.

호스트 객체의 예로는 window 객체나 모든 DOM 객체를 들 수 있다. 어떤 객체가 호스트 객체인지 궁금하다면 코드를 브라우저가 아닌 다른 환경에서 실행시켜 보면 된다. 만약 잘 동작한다면 네이티브 객체만을 사용하고 있는 것이다.

클래스가 없다

자바스크립트에는 클래스가 없다. 이 책에서 이 문구가 자주 반복되는 걸 볼 수 있을 것이다. 이는 다른 언어에 경험이 많은 개발자에게는 낯선 개념이므로, 클래스를 잊고 자바스크립트가 오직 객체만을 다룬다는 사실을 받아들이는 데에는 반복 학습과 노력이 필요하다.

클래스가 없으면 프로그램이 더 짧아진다. 객체를 생성하기 위해 클래스를 만들 필요가 없기 때문이다. 자바의 객체 생성을 생각해보자.

```
// 자바의 객체 생성
HelloOO hello_oo = new HelloOO();
```

간단한 객체를 만드는 데 같은 단어를 세 번이나 반복하는 것은 낭비다. 그리고 누구나 객체를 간단하게 만들고 싶어한다.

자바스크립트에서는 빈 객체를 필요한 시점에 생성하고 그 이후에 필요한 멤버를 추가할 수 있다. 객체에 원시 데이터 타입이나 함수, 다른 객체를 추가하여 객체의 프로퍼티를 구성한다. 빈(blank) 객체는 사실 완전히 비어 있는 것이 아니다. 빈 객체는 몇몇 내장 프로퍼티를 이미 가지고 있지만 자신이 직접 소유(own)한 프로퍼티가 없을 뿐이다. 이에 대해서는 다음 장에서 다룬다.

GoF 책에서 말하는 일반적인 규칙 중 하나는 '클래스 상속보다는 객체의 합성을 우선시하라'는 것이다. 즉 여기저기에 놓여있는 조각들을 사용해 객체를 합성할 수 있다면 이것이 복잡한 부모-자식 상속 체인을 사용하거나 클래스화하는 것보다 더 나은 접근 방법이라는 의미다. 자바스크립트에서 이 조언을 따르기란 아주 쉽다. 왜냐하면 자바스크립트에는 클래스가 없어서 어차피 객체 합성을 해야 하기 때문이다.

프로토타입

비록 코드를 재사용하는 하나의 방법일 뿐이지만, 자바스크립트에서도 상속을 할 수 있다(나중에 코드 재사용을 다루는 장에서 살펴볼 것이다). 상속은 다양한 방법으로 구현할 수 있는데, 주로 프로토타입(prototype)을 사용한다. 프로토타입은 하나의 객체이며, 사용자가 생성한 모든 함수는 새로운 빈 객체를 가리키는 prototype 프로퍼티를 가진다. 프로토타입 객체는 객체 리터럴이나 Object() 생성자로 만든 객체와 거의 비슷하다. 프로토타입 객체의 constructor 프로퍼티가 가리키는 것이 내장된 Object()가 아닌 사용자가 생성한 함수라는 점만이 다르다. 사용자는 이 빈 객체에 멤버를 추가할 수 있고, 상속을 통해 다른 객체가 이 객체의 프로퍼티를 자기 것처럼 쓰게 만들 수도 있다.

상속에 대해서는 이후에 더 자세히 다룰 것이므로 지금은 단지 프로토타입이 (클래스나 어떤 특별한 것이 아니고) 객체라는 사실과 모든 함수가 prototype 프로퍼티를 가진다는 것을 기억하자.

실행 환경

자바스크립트 프로그램은 실행하기 위한 환경이 필요하다. 일반적인 자바스크립트 프로그램의 실행 환경은 브라우저이지만 이것이 유일한 실행 환경은 아니다. 이 책의 패턴들은 주로 코어 자바스크립트(ECMAScript)에 관한 것이므로 실행 환경과는 무관하다. 예외는 다음과 같다.

- 8장에서 다루는 구체적인 브라우저 패턴
- 패턴의 실제 애플리케이션을 설명하는 몇몇 예제

실행 환경은 자신만의 호스트 객체를 제공할 수 있다. 이 호스트 객체는 ECMAScript 표준에 정의되지 않았으며 예상치 못한 방식으로 동작할 수도 있다.

1.3 ECMAScript 5

DOM(Document Object Model), BOM(Browser Object Model) 그리고 규정 외의 호스트 객체를 제외한 코어 자바스크립트 프로그래밍 언어는 ECMAScript(또는 ES) 표준에 기반을 두고 있다. ECMAScript 3 버전의 표준은 1999년에 공식적으로 채택되었고 현재 여러 브라우저에 구현되어 있다. 4 버전은 지원이 중단되었고, 5 버전은 이전 버전으로부터 10년이 지난 2009년 12월에 승인되었다.

ECMAScript 5에는 새로운 내장 객체와 메서드 그리고 프로퍼티가 추가되었다. 가장 중요한 것은 스트릭트(strict) 모드라는 기능인데, 실제로는 기능을 추가한 것이 아니라 제거함으로써 프로그램을 더 간단하게 만들고 오류 발생 가능성을 낮춘 것이다. 예를 들어 with 구문은 수년 간 논쟁거리가 되어 왔다. ES 5 스트릭트 모드에서는 이 구문에서 오류가 발생한다. 스트릭트 모드가 아닌 경우에는 문제가 없다. 스트릭트 모드는 'use strict'라는 일반 문자열에 의해서 구동되며 이전 버전에서는 단순하게 무시된다. 즉, 구형 브라우저는 스트릭트 모드를 이해하지 못하고 오류를 발생하지도 않기 때문에 하위 호환성이 유지된다.

개별 유효범위마다, 즉 함수나 전역 유효범위 또는 eval()로 전달된 문자열의 첫 부분에서, 다음과 같이 문자열을 한 번 선언하면 된다.

```
function my() {
    "use strict";
    // 함수의 나머지 부분
}
```

이렇게 선언하면 함수 내의 코드가 스트릭트 모드로 실행된다. 구형 브라우저에서는 'use strict'가 단순한 문자열일 뿐이고 어떤 변수에도 할당되지 않았기 때문에, 사용되지 않으며 따라서 오류도 아니다.

ES는 추후에 스트릭트 모드만을 지원하려고 계획 중이다. 즉 ES 5는 개발자에게 스트릭트 모드에서 동작하는 코드를 작성하도록 권장하는 과도적인 버전이다.

이 책을 쓰는 시점에 ES 5를 구현한 브라우저가 존재하지 않기 때문에 상세한 추가 기능에 대해서는 다루지 않았다. 그러나 포함된 예제들은 새로운 표준으로의 변화를 권장하기 위해 다음과 같은 방법으로 구성하였다.

- 제공되는 코드 예제는 스트릭트 모드에서 오류가 발생하지 않는다.
- arguments.call과 같이 사용하지 않도록 권고된 구문을 사용하지 않고, 사용할 경우 별도로 언급한다.
- Object.create()처럼, ES 5의 내장 객체와 동일한 표현을 가지는 ES 3 패턴을 사용한다.

1.4 JSLint

자바스크립트는 정적 컴파일을 하지 않는 인터프리터 언어다. 따라서 사소한 타이핑 실수를 알아채지 못한 채 잘못된 프로그램을 배포할 수 있다. JSLint는 이런 상황에 유용하다.

JSLint(http://jslint.com)는 더글러스 크록포드(Douglas Crockford)가 개발한 자바스크립트 코드 품질 도구로, 코드를 검사하고 잠재적인 문제들에 대해 경고해 준다. 작성한 코드를 JSLint로 실행해 보기를 강력히 추천한다. 이 도구는 더글라스 크록포드가 경고했듯이 '사용자의 마음을 상하게' 할 수도 있다. 그렇지만 처음 사용할 때만 그렇지, 얼마 지나지 않아 발견된 실수로부터 배울 점을 찾고, 자바스크립트 전문 개발자의 필수적인 습관을 받아들이게 될 것이다. JSLint 오류가 없다면 코드에 좀더 자신감을 가질 수 있다. 단순한 누락이나 구문 오류를 저지르지 않았다는 사실을 금방 알 수 있기 때문이다.

다음 장부터 JSLint가 자주 언급될 것이다. 책을 쓰는 시점에, 몇몇 예외 사항과 안티패턴이라고 명백히 표시된 것을 제외하고는, 책에 포함된 모든 코드는 JSLint 검사를 성공적으로 통과하였다(기본 설정을 사용했다).

JSLint의 기본 설정은, 코드가 스트릭트 모드를 준수하고 있다고 가정한다.

1.5 콘솔

콘솔 객체는 책의 전반에 걸쳐 사용된다. 이 객체는 자바스크립트에 포함되어 있지는 않지만 개발 환경의 일부분이고 대부분의 최신 브라우저에서 지원한다.

예를 들어 파이어폭스(Firefox)에서는 파이어버그(Firebug) 확장 기능을 통해 사용할 수 있다. 파이어버그 콘솔에서는 자바스크립트 코드를 손쉽게 입력하여 테스트할 수 있으며, 그림 1-1과 같이 현재 로드된 페이지를 가지고 놀 수 있다. 파이어버그를 학습이나 연구 도구로써 사용하는 것 또한 강력히 추천한다. 웹킷(WebKit) 브라우저의 웹 속성보기(Web Inspector)나 IE 8 이상의 개발자 도구(Developer Tools)도 비슷한 기능을 제공한다.

이 책에 실린 대부분의 코드 예제는 어떤 결과를 출력할 때 alert()을 띄우거나 현재 페이지를 변경하는 대신, 더 쉽고 무간섭적인 방법인 콘솔 객체를 사용한다.

그림 1-1 파이어버그 콘솔

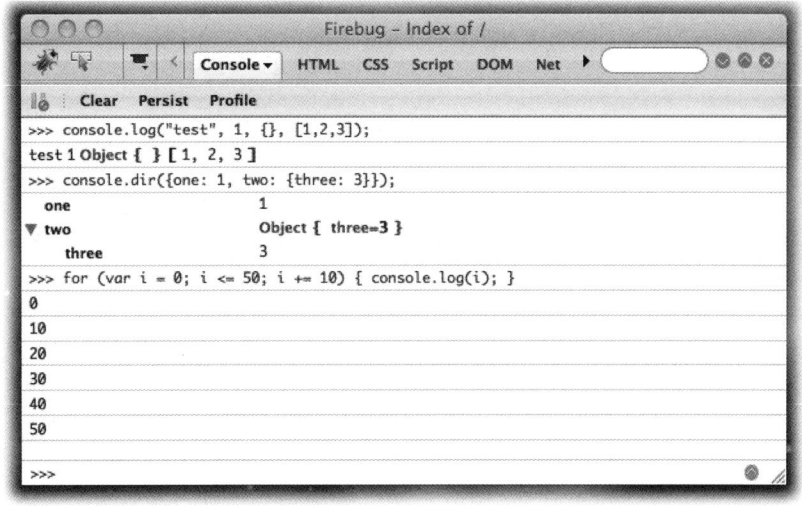

전달된 모든 매개변수를 출력하는 log() 메서드나 전달된 객체를 열거하고 모든 프로퍼티를 출력하는 dir() 메서드도 자주 사용한다. 사용 예는 다음과 같다.

```
console.log("test", 1, {}, [1,2,3]);
console.dir({one: 1, two: {three: 3}});
```

콘솔에 직접 입력하는 경우에는 consloe.log();를 생략할 수 있다. 책에서는 간략하게 이를 생략하기도 하며, 이 경우 콘솔에서 코드를 테스트하고 있다고 간주한다.

```
window.name === window['name']; // true
```

이 구문은 다음 구문과 마찬가지로 동작한다.

```
console.log(window.name === window['name']);
```

그리고 결과 값으로 콘솔에 true를 출력한다.

2장

JAVASCRIPT PATTERNS

기초

이번 장에서는 고급 자바스크립트 코드를 작성하는 데 핵심이 되는 모범적인 관행과 습관, 패턴을 검토한다. 예를 들면 전역 변수의 사용을 최소화하고, var 선언은 한 번만 사용하며, 루프 내에서 length는 캐시해두고 사용하고, 코딩 규칙을 준수하는 것 등이다. API 문서 작성, 동료 리뷰 수행, JSLint 실행과 같이 코드 자체 뿐 아니라 코드를 만들어내는 전반적인 과정과 관련된 습관도 다룬다. 이러한 습관과 실천들을 익히면 좀더 훌륭하고 이해하기 쉽고 유지보수하기도 쉬운 코드를 작성할 수 있다. 몇 달이나 몇 년이 지나서 다시 봐도 자랑스러운 코드 말이다.

2.1 유지보수 가능한 코드 작성

소프트웨어의 버그를 고치는 데는 비용이 든다. 이 비용은 시간이 지날수록 증가하며, 버그가 공개적으로 출시된 제품 안에 숨어 들어간 경우에는 특히 비용이 커진다. 발견 즉시 버그를 고칠 수 있다면 가장 좋다. 코드가 어떤 일을 수행하는지가 머릿속에 아직 생생하기 때문이다. 그렇지 않으면 개발자는 다른 작업으로 넘어가버리고 이 코드에 대해서는 전부 다 잊어버린다. 얼마간 시간이 흐른 다음에 코드를 다시 들여다볼 때는 다음과 같은 이유로 시간이 든다.

- 문제를 다시 학습하고 이해하는 데 걸리는 시간
- 이 문제를 해결하는 코드를 이해하는 데 걸리는 시간

프로젝트나 회사의 규모가 클 경우 또다른 문제가 있다. 실제로 버그를 고치는 사람과 버그를 만든 사람, 버그를 발견한 사람이 전부 다 다른 사람일 수 있다는 점이다. 따라서 코드를 이해하는 데 걸리는 시간을 줄이는 것이 대단히 중요하다. 코드를 얼마 전에 자신이 작성했든 팀내 다른 개발자가 작성했든 간에 말이다. 사업 수익 측면에서도 그렇지만 개발자의 행복에 있어서도 이는 핵심적인 문제다. 우리 모두는 오래된 레거시 코드를 유지보수하느라 몇날 며칠을 쓰기보다는 새롭고 흥미로운 무언가를 개발하고 싶어하기 때문이다.

또 하나, 코드는 작성하는 것보다 읽는 데 더 많은 시간이 소요된다. 이것은 소프트웨어 개발과 관련된 인생의 진리다. 어떤 문제에 집중해서 깊이 몰입해있다면, 앉은 자리에서 한나절만에 상당한 양의 코드를 만들어낼 수도 있다. 하지만 이 코드가 그때 그 자리에서는 잘 돌아갔을지 몰라도, 애플리케이션이 완성되는 과정에서 여러가지 일이 생기면서 재검토되고 수정과 변형을 거치게 된다. 예를 들면 다음과 같은 일들 말이다.

- 버그가 발견된다.
- 애플리케이션에 새로운 기능이 추가된다.
- 애플리케이션이 새로운 환경에서 동작해야 한다. (예컨대 새로운 브라우저가 출시되었다.)
- 코드의 용도가 변경된다.
- 코드를 처음부터 완전히 재작성하게 되거나, 다른 구조 심지어 다른 언어로 옮기게 된다.

이 결과 처음에 코드를 작성하는 데는 몇 시간 걸리지 않았지만, 코드를 읽는 데는 몇 주일의 시간이 들어간다. 코드의 유지보수가 애플리케이션의 성공에 핵심이 되는 이유가 바로 여기에 있다.

유지보수 가능한 코드란 다음과 같은 특징을 지닌다.

- 읽기 쉽다.
- 일관적이다.
- 예측 가능하다.

- 한 사람이 작성한 것처럼 보인다.
- 문서화되어 있다.

이 장의 나머지 부분에서는 자바스크립트를 작성할 때 어떻게 이와 같은 결과를 이끌어낼 수 있을지에 대해 설명한다.

2.2 전역 변수 최소화

자바스크립트는 함수를 사용하여 유효범위를 관리한다. 함수 안에서 선언된 변수는 해당 함수의 지역 변수가 되며 함수 외부에서는 사용할 수 없다. 반대로 전역 변수란 어떤 함수에도 속하지 않고 선언되거나, 아예 선언되지 않은 채로 사용되는 변수를 가리킨다.

모든 자바스크립트 실행 환경에는 전역 객체(global object)가 존재한다. 어떤 함수에도 속하지 않은 상태에서 this를 사용하면 전역 객체에 접근하게 된다. 전역 변수를 생성하는 것은, 이 전역 객체의 프로퍼티를 만드는 것과 같다. 편의상 브라우저에는 전역 객체에 window라는 부가적인 프로퍼티가 존재하며 (대개) 전역 객체 자신을 가리킨다. 다음 코드는 브라우저 환경에서 전역 변수를 생성하고 이 변수에 접근하는 방법을 보여준다.

```
myglobal = "hello"; // 안티패턴
console.log(myglobal); // "hello"
console.log(window.myglobal); // "hello"
console.log(window["myglobal"]); // "hello"
console.log(this.myglobal); // "hello"
```

전역 변수의 문제점

전역 변수의 문제점은 자바스크립트 애플리케이션이나 웹페이지 내 모든 코드 사이에서 공유된다는 점이다. 즉 모든 전역 변수는 동일한 전역 네임스페이스 안에 존재하기 때문에, 애플리케이션 내의 다른 영역에서 목적이 다른 전역 변수를 동일한 이름으로 정의할 경우 서로 덮어쓰게 된다.

웹페이지에서는 해당 페이지의 개발자가 작성하지 않은 외부 코드를 가져와 삽입하는 일이 종종 있다. 예를 들면 다음과 같은 코드들이 있다.

- 서드파티 자바스크립트 라이브러리
- 광고 제휴 업체의 스크립트
- 사용자를 추적하고 분석하는 서드파티 스크립트 코드
- 다양한 위짓, 배지, 버튼 등

예를 들어 어떤 서드파티 스크립트에서 result라는 전역 변수를 정의했다고 하자. 그런 다음 이 페이지의 어떤 함수 안에서 result라는 또다른 전역 변수를 정의한다. 이 경우 마지막 result 변수가 이전 것을 덮어쓰게 되며, 어쩌면 서드파티 스크립트는 더이상 동작하지 않을 수도 있다.

따라서 다른 스크립트들과 한 페이지 안에서 사이좋게 공존하려면, 전역 변수를 최소한으로 사용해야 한다. 이 책의 나머지 부분에서 전역 변수의 개수를 최소화하는 전략으로 네임스페이스 패턴이나 즉시 실행 함수를 활용하는 방법 등을 배울 것이다. 그러나 무엇보다도 중요한 패턴은, 변수를 선언할 때 항상 var를 사용하는 것이다.

자바스크립트의 성격상, 의도하지 않았더라도 전역 변수를 만들기가 너무나 쉽다. 왜냐하면 첫째, 자바스크립트에서는 변수를 선언하지 않고도 사용할 수 있고, 둘째, 자바스크립트에는 암묵적 전역(implied globals)이라는 개념이 있기 때문이다. 즉 선언하지 않고 사용한 변수는 자동으로 전역 객체의 프로퍼티가 되어, 명시적으로 선언된 전역 변수와 별 차이 없이 사용할 수 있다. 다음 예제를 살펴보자.

```javascript
function sum(x, y) {
    // 안티패턴: 암묵적 전역
    result = x + y;
    return result;
}
```

이 코드에서 result는 선언되지 않은 상태로 사용되었다. 이 코드는 잘 동작하지만, 이 함수를 호출하고 나면 전역 네임스페이스에 result라는 변수가 남아 문제를 일으킬 수도 있다.

개인적인 경험에 의하면, 언제나 var를 사용하여 변수를 선언해야 한다. 위의 sum() 함수를 개선하면 다음과 같다.

```javascript
function sum(x, y) {
    var result = x + y;
```

```
        return result;
    }
```

암묵적 전역을 생성하는 또다른 안티패턴은 하나의 var 선언에서 연쇄적으로 할당을 사용하는 것이다. 다음 코드에서 a는 지역 변수지만 b는 전역 변수가 된다. 아마 의도와는 다른 결과일 것이다.

```
// 안티패턴. 사용하지 말 것.
function foo() {
    var a = b = 0;

    // ...
}
```

이런 일이 생기는 이유는 평가(evaluation)가 오른쪽에서 왼쪽으로 진행되기 때문이다. 먼저 b = 0이라는 표현식이 평가되는데, 이때 b는 선언되지 않은 상태다. 이 표현식의 반환 값 0은 다시 var a로 선언된 새로운 지역 변수에 할당된다. 즉 앞의 코드는 다음과 동일하다.

```
var a = (b = 0);
```

변수를 미리 선언해두면 의도치 않은 전역 변수가 생성되는 일이 없기 때문에, 연쇄 할당문을 사용해도 문제가 되지 않는다. 다음을 보자.

```
function foo() {
    var a, b;
    // ...
    a = b = 0; // 모두 지역 변수
}
```

암묵적 전역 변수를 피해야 하는 또다른 이유는 이식성(portability) 때문이다. 코드를 다른 실행 환경(호스트)에서 실행할 경우, 원래의 실행 환경에는 존재하지 않았던 (따라서 써도 괜찮다고 생각했던) 암묵적 전역 변수가 새로운 실행 환경의 호스트 객체를 의도치 않게 덮어쓸 수 있기 때문이다.

var 선언을 빼먹었을 때의 부작용

암묵적 전역 변수와 명시적으로 선언된 변수 사이에 존재하는 또 하나의 작은 차이점은 delete 연산자를 사용하여 이 변수의 정의를 취소할 수 있는지 여부다.

• var를 사용하여 명시적으로 선언된 전역 변수(프로그램 내에서 생성되었지만

함수에는 속하지 않은 변수들)는 삭제할 수 없다.

- var를 사용하지 않고 생성한 암묵적 전역 변수는 (함수 안에서 생성되었든 아니든) 삭제할 수 있다.

이는 암묵적 전역 변수가 엄밀히 말하면 변수가 아니라 전역 객체의 프로퍼티라는 사실을 보여준다. 프로퍼티는 delete 연산자로 삭제할 수 있지만 변수는 그렇지 않다.

```javascript
// 세 개의 전역 변수를 정의한다
var global_var = 1;
global_novar = 2; // 안티패턴
(function () {
    global_fromfunc = 3; // 안티패턴
}());

// 삭제해본다
delete global_var; // false
delete global_novar; // true
delete global_fromfunc; // true

// 삭제되었는지 확인해본다
typeof global_var; // "number"
typeof global_novar; // "undefined"
typeof global_fromfunc; // "undefined"
```

ES 5 스트릭트 모드에서는 (위 예제의 두 가지 안티패턴처럼) 선언되지 않은 변수에 값을 할당하면 에러가 발생한다.

전역 객체에 대한 접근

브라우저에서는 코드 어느 곳에서든 window 속성을 통해 전역 객체에 접근할 수 있다. (window라는 이름의 지역 변수를 선언한다든지 하는 특별한 짓을 하지 않았다면 말이다.) 그러나 다른 환경에서는 이 편리한 프로퍼티가 다른 이름으로 불리거나 아예 존재하지 않을 수도 있다. window라는 식별자를 직접 사용하지 않고 전역 객체에 접근하고 싶다면, 함수 유효범위 안에서 다음과 같이 정의하면 된다. 함수 유효범위가 중첩되어 있어도 상관 없다.

```javascript
var global = (function () {
    return this;
}());
```

이렇게 하면 항상 전역 객체를 얻을 수 있다. 함수를 new와 생성자를 사용해 호출하지 않고 그냥 함수로 호출한 경우, 함수 안에서 this는 항상 전역 객체를 가리키기 때문이다. ES 5 스트릭트 모드에서는 이 방법이 더이상 통하지 않기 때문에, 이 모드에서 코드가 실행될 때에는 다른 패턴을 사용해야 한다. 예를 들어 라이브러리를 개발하고 있다면, 라이브러리 코드를 즉시 실행 함수로 감싼 후, 즉시 실행 함수의 인자로 전역 유효범위를 가리키는 this를 전달하는 방법이 있다.

단일 var 패턴

함수 상단에서 var 선언을 한 번만 쓰는 패턴은 유용하고 시도해 볼 만하다. 다음과 같은 이점들이 있다.

- 함수에서 필요로 하는 모든 지역 변수를 한군데서 찾을 수 있다.
- 변수를 선언하기 전에 사용할 때 발생하는 로직상의 오류를 막아준다. (다음 절 '호이스팅(hoisting): 분산된 var 선언의 문제점'을 참고하라.)
- 변수를 먼저 선언한 후에 사용해야 한다는 사실을 상기시키기 때문에 전역 변수를 최소화하는 데 도움이 된다.
- 코드량이 줄어든다. (작성량과 전송량 모두 줄어든다.)

단일 var 패턴은 이렇게 생겼다.

```
function func() {
    var a = 1,
        b = 2,
        sum = a + b,
        myobject = {},
        i,
        j;
    // 함수 본문...
}
```

var 선언을 하나만 쓰고 여러 개의 변수를 쉼표로 연결하여 선언했다. 변수를 선언할 때 초기 값을 주어 초기화하는 것 역시 좋은 습관이다. 문법 오류를 막을 수 있고 (초기 값 없이 선언된 변수들은 모두 undefined라는 값으로 초기화된다) 코드 가독성도 향상된다. 나중에 코드를 볼 때, 변수의 초기 값에 근거해 변수의 용도가 무엇인지, 즉 객체를 할당할 변수였는지 정수를 할당할 변수였는지 짐작할 수 있다.

앞선 코드에 나오는 sum = a + b와 같이 선언 시점에서 실질적인 작업을 일부 해둘 수도 있다. DOM(Document Object Model) 참조를 다루는 것도 좋은 예다. 다음 예제에서처럼, DOM 참조를 할당한 지역 변수들을 하나의 선언문에 모아놓는 것이다.

```
function updateElement() {
    var el = document.getElementById("result"),
        style = el.style;
    // el과 style을 다루는 코드...
}
```

호이스팅(hoisting): 분산된 var 선언의 문제점

자바스크립트에서는 함수 내 여기저기서 여러 개의 var 선언을 사용할 수 있지만, 실제로는 모두 함수 상단에서 변수가 선언된 것과 동일하게 동작한다. 이러한 동작 방식을 '호이스팅(hoisting, 끌어올리기)'이라고 한다. 때문에 함수 안에서 변수를 사용한 다음에 선언하면 로직상의 오류를 일으킬 수 있다. 자바스크립트는 동일한 유효 범위 (즉 동일한 함수) 안에 있는 변수는 var 선언 전에 사용해도 이미 선언된 것으로 간주한다. 다음 예제를 살펴보자.

```
// 안티패턴
myname = "global"; // 전역 변수
function func() {
    alert(myname); // "undefined"
    var myname = "local";
    alert(myname); // "local"
}
func();
```

이 예제를 보면 첫 번째 alert()의 결과로 'global'이 출력되고 두 번째에는 'local'이 출력될 거라고 예상하기 쉽다. 첫 번째 alert이 호출되는 시점에는 myname이 아직 선언되지 않았으므로 전역 변수인 myname을 바라볼 것이라고 예상해야 맞을 것 같다. 그러나 실제 동작은 그렇지 않다. 첫 번째 alert은 'undefined'를 출력한다. myname이 이 함수의 지역 변수로 선언되었다고 간주하기 때문이다. 선언문 자체는 그 다음에 나온다 해도 말이다. 모든 변수 선언문은 함수 상단으로 끌어올려진다. 따라서 이러한 혼란을 피하기 위해서는 사용할 변수를 모두 맨 첫 줄에서 선언하는 것이 좋다.

앞의 코드는 다음과 같이 작성한 것과 동일하게 동작한다.

```
myname = "global"; // 전역 변수
function func() {
    var myname; // 이렇게 쓴 것과 동일하다 -> var myname = undefined;
    alert(myname); // "undefined"
    myname = "local";
    alert(myname); // "local"
}
func();
```

이야기를 마무리짓기 위해, 실제 구현 단계는 좀더 복잡하다는 사실을 언급해둔다. 코드는 두 단계를 거쳐 처리된다. 첫 번째 단계에서는 변수, 함수 선언, 형식 매개변수들이 생성되며 코드를 파싱하고 실행 문맥으로 들어간다. 두 번째 단계는 런타임 코드 실행 단계로, 함수 표현식과 지정되지 않은 식별자(선언되지 않은 변수)들이 생성된다. 그러나 실무에서는 호이스팅 개념을 사용해도 무리가 없다. 이 개념은 사실 ECMAScript 표준안에 정의되진 않았지만 코드의 동작 방식을 설명하는 데 널리 사용되고 있다.

2.3 for 루프

for 루프 안에서는 보통 배열이나 arguments, HTMLCollection 등 배열과 비슷한 객체를 순회한다. 일반적인 for 루프 패턴은 다음과 같이 생겼다.

```
// 최적화되지 않은 루프
for (var i = 0; i < myarray.length; i++) {
    // myarray[i]를 다루는 코드
}
```

이 패턴의 문제점은 루프 순회시마다 배열의 length에 접근한다는 점이다. myarray가 배열이 아니라 HTMLCollection이라면 이 때문에 코드가 느려질 수 있다.

HTMLCollection은 다음과 같은 DOM 메서드에서 반환되는 객체다.

• document.getElementsByName()

• document.getElementsByClassName()

• document.getElementsByTagName()

DOM 표준 이전에 도입되어 오늘날에도 쓰이고 있는 HTMLCollection들도 많다. 몇 개만 소개해보겠다.

> document.images
>> 페이지 내 모든 IMG 엘리먼트
>
> document.links
>> 모든 A 엘리먼트
>
> document.forms
>> 모든 form
>
> document.forms[0].elements
>> 페이지 내 첫 번째 form 안의 모든 필드

이것들은 기반 문서(즉 HTML 페이지)에 대한 실시간 질의라는 점에서 문제가 된다. 즉 콜렉션의 length 속성에 접근할 때마다 실제 DOM에 질의를 요청하는 것과 같으며, DOM 접근은 일반적으로 비용이 크다.

따라서 for 루프를 좀더 최적화하기 위해서는 다음 예제처럼 배열(또는 콜렉션)의 length를 캐시해야 한다.

```
for (var i = 0, max = myarray.length; i < max; i++) {
    // myarray[i]를 다루는 코드
}
```

이렇게 하면 length 값을 한 번만 구하고, 루프를 도는 동안 이 값을 사용하게 된다.

HTMLCollection를 순회할 때 length를 캐시하면, 사파리 3에서 2배, IE7에서 190배에 이르기까지 모든 브라우저에서 속도가 향상된다. (자세한 내용은 니콜라스 자카스(Nicholas Zakas)의 『High Performance JavaScript』(O'Reilly)를 참고하라.) [1]

물론 루프 내에서 DOM 엘리먼트를 추가하는 등 콜렉션에 대한 변경을 명백히 의도한 경우라면 length 값이 고정되지 않고 계속 갱신되는 결과가 나오는 것이 정상이다.

단일 var 패턴을 따르자면, var문을 루프 외부로 빼내어 다음과 같이 만들 수 있다.

```
function looper() {
    var i = 0,
        max,
```

---

1 (옮긴이) 번역서는 『자바스크립트 성능 최적화』(2011, 한빛미디어)이다.

```
        myarray = [];

    // ...

    for (i = 0, max = myarray.length; i < max; i++) {
        // myarray[i]를 다루는 코드
    }
}
```

이 패턴은 단일 var 패턴을 고수하여 일관성을 지킨다는 장점이 있다. 그러나 코드를 리팩터링할 때 전체 루프를 복사하여 붙여넣기는 약간 힘들어진다. 앞선 코드의 루프를 다른 함수로 옮겨 가려면 새 함수에 i와 max를 반드시 함께 옮겨가야만 한다. (그리고 원본 함수에서 이 변수를 더이상 쓰지 않는다면 거기서는 삭제해야 한다.)

마지막으로 루프에 조정을 가한다면, i++라는 명령문을 다음 중 하나로 대체할 수 있다.

```
i = i + 1
i += 1
```

JSLint는 이 방법을 권장한다. ++와 --는 '과도한 기교'를 조장한다는 이유다. 여기에 동의하지 않는다면 JSLint의 plusplus 옵션을 false로 설정하면 된다. (기본값은 true다.) 이 책의 뒷부분에서는 두 번째 패턴인 i += 1을 사용했다.

for문에는 두 가지 변형 패턴이 있다. 이 패턴들은 다음과 같은 미세 최적화를 시도한다.

- 변수를 하나 덜 쓴다(max가 없다).
- 카운트를 거꾸로 하여 0으로 내려간다. 0과 비교하는 것이 배열의 length 또는 0이 아닌 값과 비교하는 것보다 대개 더 빠르기 때문이다.

첫 번째 변형 패턴은 다음과 같다.

```
var i, myarray = [];

for (i = myarray.length; i--;) {
    // myarray[i]를 다루는 코드
}
```

두 번째 변형 패턴은 while 루프를 사용한다.

```
var myarray = [],
    i = myarray.length;

while (i--) {
    // myarray[i]를 다루는 코드
}
```

이러한 미세 최적화는 성능이 결정적인 요소가 되는 작업에서만 차이가 두드러진다. 그리고 JSLint는 i--의 사용을 지적할 것이다.

2.4 for-in 루프

for-in 루프는 배열이 아닌 객체를 순회할 때만 사용해야 한다. for-in으로 루프를 도는 것을 열거(enumeration)라고도 한다.

자바스크립트에서 배열은 곧 객체이기 때문에 기술적으로는 배열을 순회할 때에도 for-in 루프를 쓸 수 있지만, 권장사항은 아니다. 배열 객체에 사용자가 정의한 기능이 추가되었다면 논리적인 오류가 발생할 수 있다. 또한 for-in에서는 프로퍼티를 열거하는 순서가 정해져있지 않다. 따라서 배열에는 일반적인 for 루프를 사용하고 객체에만 for-in 루프를 사용하는 것이 바람직하다.

객체의 프로퍼티를 순회할 때는 프로토타입 체인을 따라 상속되는 프로퍼티들을 걸러내기 위해 hasOwnProperty() 메서드를 사용해야 한다.

다음 예제를 살펴보자.

```
// 객체
var man = {
    hands: 2,
    legs: 2,
    heads: 1
};

// 코드 어딘가에서
// 모든 객체에 메서드 하나가 추가되었다
if (typeof Object.prototype.clone === "undefined") {
    Object.prototype.clone = function () {};
}
```

이 예제에서는 객체 리터럴을 사용하여 man이라는 이름의 간단한 객체를 정의했다. man을 정의하기 전이나 후, 어디선가 Object 프로토타입에 clone()이라는 이름의 메서드가 편의상 추가되었다. 프로토타입 체인의 변경 사항은 실시간으로 반영되기 때문에, 자동적으로 모든 객체가 이 새로운 메서드를 사용할 수 있다. man 을 열거할 때 clone() 메서드가 나오지 않게 하려면 프로토타입 프로퍼티를 걸러내기 위해 hasOwnProperty()를 호출해야 한다. 이렇게 걸러내지 않으면 clone()이 나오게 되는데, 대부분의 경우에 이러한 동작 방식은 바람직하지 않다.

```
// 1.
// for-in 루프
for (var i in man) {
    if (man.hasOwnProperty(i)) { // 프로토타입 프로퍼티를 걸러낸다.
        console.log(i, ":", man[i]);
    }
}
/*
콘솔에 출력되는 결과
hands : 2
legs : 2
heads : 1
*/

// 2.
// 안티패턴:
// hasOwnProperty()를 확인하지 않는 for-in 루프
for (var i in man) {
    console.log(i, ":", man[i]);
}

/*
콘솔에 출력되는 결과
hands : 2
legs : 2
heads : 1
clone: function()
*/
```

Object.prototype에서 hasOwnProperty()를 호출하는 것도 또 하나의 패턴이다.

```
for (var i in man) {
    if (Object.prototype.hasOwnProperty.call(man, i)) { // 걸러내기
        console.log(i, ":", man[i]);
    }
}
```

이 방법은 man 객체가 hasOwnProperty를 재정의하여 덮어썼을 경우에도 활용할 수 있다는 장점이 있다. 프로퍼티 탐색이 Object까지 멀리 거슬러 올라가지 않게 하려면, 지역 변수를 사용하여 이 메서드를 '캐시'하면 된다.

```
   var i,
       hasOwn = Object.prototype.hasOwnProperty;
   for (i in man) {
       if (hasOwn.call(man, i)) { // 걸러내기
           console.log(i, “:”, man[i]);
       }
   }
```

 엄밀히 말하면 hasOwnProperty()를 사용하지 않았다고 해서 에러가 발생하지는 않는다. 작업 내용에 따라, 또 개발자가 코드에 확신을 가지고 있다면 hasOwnProperty()를 사용하지 않아도 되며, 이 경우 루프 속도도 약간 개선된다. 그러나 객체와 객체 프로토타입 체인의 내용을 보장할 수 없다면, 그냥 hasOwnProperty() 확인을 추가하는 편이 좀더 안전하다.

형식상 변형을 가하자면 (JSLint를 통과하진 못하겠지만) 괄호를 생략하고 if문을 같은 줄에 넣는 방법이 있다. 이렇게 하면 루프 표현식이 완결된 하나의 생각으로 읽히는 장점이 있다. ("엘리먼트가 프로퍼티 X를 가지고 있는 경우, X를 가지고 어떤 일을 한다.") 또한 루프의 핵심부에 이르기까지 들여쓰기가 줄어든다.

```
   // 경고: JSLint를 통과하지 못한다
   var i,
       hasOwn = Object.prototype.hasOwnProperty;
   for (i in man) if (hasOwn.call(man, i)) { // filter
       console.log(i, “:”, man[i]);
   }
```

2.5 내장 생성자 프로토타입 확장하기 / 확장하지 않기

생성자 함수의 prototype 프로퍼티를 확장하는 것은 기능을 추가하는 좋은 방법이지만 때로는 지나치게 강력할 수 있다.

Object(), Array(), Function()과 같은 내장 생성자의 프로토타입을 확장하는 것은 꽤 매력적이다. 하지만 이 때문에 코드의 지속성은 심각하게 저해될 수 있다. 코드가 예측에서 벗어나는 일이 많아지기 때문이다. 이 코드를 사용하는 다른 개발자들은 대부분 자바스크립트의 내장 메서드가 일관되게 동작하기를 기대하며 어떤 추가사항을 예상하지는 않는다. 게다가 루프 안에서 hasOwnProperty()를 사용하지 않았다면 임의로 프로토타입에 추가된 프로퍼티가 튀어나와 혼동을 일으킬 수 있다.

따라서 내장 생성자 프로토타입을 확장하지 않는 것이 최선이다. 예외가 허용되려면 다음 조건을 모두 만족시켜야 한다.

1. 해당 기능이 ECMAScript의 향후 버전이나 자바스크립트 구현에서 일관되게 내장 메서드로 구현될 예정이다. 예를 들어 ECMAScript 5에 기술되었으나 아직 브라우저에 내장되지 않은 메서드라면 추가할 수 있다. 이 경우에는 유용한 메서드를 미리 정의하는 것이라고 할 수 있다.
2. 이 프로퍼티 또는 메서드가 이미 존재하는지, 즉 이미 코드 어딘가에 구현되어 있거나, 지원 브라우저 중 일부 자바스크립트 엔진에 내장되어 있는지 확인한다.
3. 이 변경사항을 명확히 문서화하고 팀 내에서 공유한다.

위 세 가지 조건을 만족했다면 다음 패턴에 따라 프로토타입에 추가 사항을 적용해도 된다.

```
if (typeof Object.prototype.myMethod !== "function") {
    Object.prototype.myMethod = function () {
        // 구현...
    };
}
```

2.6 switch 패턴

다음 패턴을 따르면 switch문의 가독성과 견고성을 향상시킬 수 있다.

```
var inspect_me = 0,
    result = '';

switch (inspect_me) {
case 0:
    result = "zero";
    break;
case 1:
    result = "one";
    break;
default:
    result = "unknown";
}
```

위의 간단한 예제에서 지켜진 규칙은 다음과 같다.

- 각 case문을 switch문에 맞추어 정렬한다. (일반적인 중괄호 내 들여쓰기 규칙에서 벗어나는 방식이다)
- 각 case문 안에서 코드를 들여쓰기 한다.
- 각 case문은 명확하게 break;로 종료한다.
- break문을 생략하여 통과(fall-through)시키지 않는다. 그런 방법이 최선책이라는 확신이 있다면 해당 case에 반드시 기록을 남긴다. 코드를 읽는 사람에게는 오류로 보일 수 있기 때문이다.
- 상응하는 case문이 하나도 없을 때도 정상적인 결과가 나올 수 있도록 switch문 마지막에는 default:문을 쓴다.

2.7 암묵적 타입캐스팅 피하기

자바스크립트는 변수를 비교할 때 암묵적으로 타입캐스팅을 실행한다. 때문에 false == 0이나 " " == 0과 같은 비교가 true를 반환한다.

암묵적 타입캐스팅으로 인한 혼동을 막기 위해서는, 항상 표현식의 값과 타입을 모두 확인하는 ===와 !== 연산자를 사용해야 한다.

```
var zero = 0;
if (zero === false) {
    // zero는 0이고 false가 아니기 때문에 이 블록은 실행되지 않는다.
}

// 안티패턴
if (zero == false) {
    // 이 블록은 실행된다...
}
```

==으로 충분할 때에도 ===를 쓰는 건 불필요한 중복이라고 생각하는 사람들도 있다. 이를테면 typeof를 사용하면 문자열이 반환된다는 사실을 뻔히 알면서 완전항등연산자를 쓸 필요는 없다는 의견이다. 그러나 JSLint는 완전항등연산자(===)를 요구한다. 이를 통해 코드의 일관성을 지키고 코드를 읽는 데 들어가는 정신적인 수고("이 ==는 의도된 것인가 누락된 것인가?")를 덜어준다.

eval() 피하기

코드에서 eval()을 발견하면 'eval()은 사악하다(eval() is evil)'라는 주문을 기억하라. 이 함수는 임의의 문자열을 받아 자바스크립트 코드로 실행한다. 만약 문제의 코드를 사전에 알 수 있다면 (즉 런타임에 결정되는 게 아니라면) eval()을 쓸 필요가 없다. 코드가 런타임에 동적으로 생성된다면, 대개 eval() 없이 목표를 달성할 수 있는 더 나은 방법이 존재한다. 예컨대 동적인 프로퍼티에 접근할 때는 대괄호 표기법이 더 간단하고 좋은 방법이다.

```
// 안티패턴
var property = "name";
alert(eval("obj." + property));

// 권장안
var property = "name";
alert(obj[property]);
```

eval() 사용은 보안 문제와도 관련된다. 누군가 함부로 손댄 (예를 들어 네트워크에서 가져온) 코드를 실행시키게 될 수도 있기 때문이다. Ajax 요청으로 받아온 JSON 응답을 다룰 때 이런 안티패턴을 흔히 볼 수 있다. 보안과 유효성을 보장하기 위해서는 브라우저의 내장 메서드를 사용하여 JSON 응답을 파싱하는 것이 좋다. JSON.parse()를 내장 지원하지 않는 브라우저에서는 JSON.org의 라이브러리를 사용할 수 있다.

또 하나, setInterval()과 setTimeout() 그리고 Function() 생성자에 문자열을 넘기는 것도 eval()을 사용하는 것과 상당히 비슷하기 때문에, 역시 사용을 자제해야한다. 자바스크립트가 전달받은 문자열을 프로그래밍 코드로 평가하여 실행하는 것은 마찬가지다.

```
// 안티패턴이다.
setTimeout("myFunc()", 1000);
setTimeout("myFunc(1, 2, 3)", 1000);

// 권장안
setTimeout(myFunc, 1000);
setTimeout(function () {
    myFunc(1, 2, 3);
}, 1000);
```

new Function() 생성자를 사용하는 것도 eval()과 비슷하기 때문에 신중하게 접근해야 한다. 강력한 도구가 될 수도 있지만 대부분 제대로 사용되지 않는다. 반드시 eval()을 사용해야만 한다면, 그 대신에 new Function()의 사용을 고려해볼 수 있다. new Function() 안에서 평가되는 코드는 지역 함수의 유효범위 안에서 실행되기 때문에 코드 내에서 var로 선언된 변수들이 자동으로 전역 변수가 되지 않는다는 약간의 장점이 있다. 자동으로 전역 변수가 되지 못하도록 막기 위해 eval() 호출을 즉시실행 함수로 감싸는 방법도 있다. (즉시실행 함수에 관해서는 4장에서 더 자세히 다룬다.)

다음 예제를 보자. 여기서 전역 변수로 남아 네임스페이스를 어지럽히는 것은 un 뿐이다.

```javascript
console.log(typeof un); // "undefined"
console.log(typeof deux); // "undefined"
console.log(typeof trois); // "undefined"

var jsstring = "var un = 1; console.log(un);";
eval(jsstring); // "1"이 출력된다

jsstring = "var deux = 2; console.log(deux);";
new Function(jsstring)(); // "2"가 출력된다

jsstring = "var trois = 3; console.log(trois);";
(function () {
    eval(jsstring);
}()); // "3"이 출력된다

console.log(typeof un); // "number"
console.log(typeof deux); // "undefined"
console.log(typeof trois); // "undefined"
```

eval()과 Function 생성자 간의 또다른 차이는 eval()은 유효범위 체인에 간섭을 일으킬 수 있지만 Function은 좀더 봉인돼있다는 점이다. Function은 어디서 실행시키든 상관 없이 전역 유효범위를 바라본다. 따라서 지역 변수를 덜 오염시킨다. 다음 예제에서 eval()은 그 자신의 바깥쪽 유효범위에 접근하고 수정을 가할 수 있는 반면, Function은 그럴 수 없다. (Function을 사용하는 것과 new Function은 동일하다는 점도 역시 밝혀둔다.)

```javascript
(function () {
    var local = 1;
    eval("local = 3; console.log(local)"); // 3이 출력된다
    console.log(local); // 3이 출력된다
}());
```

```
(function () {
    var local = 1;
    Function("console.log(typeof local);")(); // undefined가 출력된다
}());
```

2.8 parseInt()를 통한 숫자 변환

parseInt()를 사용하면 문자열로부터 숫자 값을 얻을 수 있다. 이 함수는 두 번째 매개변수로 기수를 받는데, 생략하는 경우가 많지만 그래서는 안된다. 파싱할 문자열이 0으로 시작할 경우 문제가 생길 수 있다. 폼 필드에 입력하는 날짜 부분이 이런 예다. 0으로 시작하는 문자열은 ECMAScript 3에서 8진수(기수 8)로 다루어진다. ES 5에서는 변경되었다. 일관성 없고 예측을 벗어나는 결과를 피하려면 항상 기수 매개변수를 지정해 주어야 한다.

```
var month = "06",
    year = "09";
month = parseInt(month, 10);
year = parseInt(year, 10);
```

위 예제에서 parseInt(year) 와 같이 기수 매개변수를 생략하면 "09"는 8진수로 간주되고 (즉 parseInt(year, 8) 이라고 쓴 것과 같다) 기수가 8일 때 09는 유효하지 않은 수이기 때문에 반환 값은 0이 된다.

문자열을 숫자로 변환하는 또다른 방법으로는 다음과 같은 것들이 있다.

```
+"08" // 결과값은 8이다
Number("08") // 8
```

이 방법들은 대체로 parseInt()보다 빠르다. parseInt()는 단순히 변환만 하는 것이 아니라 이름이 뜻하는 바대로 파싱을 하기 때문이다. 그러나 입력값으로 "08 hello" 같은 값이 들어올 수 있다면 parseInt()를 사용해야 숫자를 얻을 수 있다. 다른 방법을 사용하면 NaN이 반환되면서 실패해버린다.

2.9 코딩 규칙

코딩 규칙을 수립하고 준수하는 것이 중요한 이유는 이를 통해 코드의 일관성이 유지되고 예측가능해지며 읽고 이해하기가 훨씬 더 쉬워지기 때문이다. 새로운 개발자

가 팀에 합류했을 때도, 코딩 규칙을 한번 훑어보면 다른 팀원이 작성한 코드에 훨씬 빨리 익숙해질 수 있다.

특정한 코딩 규칙의 세세한 면면들을 가지고 회의와 메일링 리스트에서 자주 격전이 벌어지곤 한다. (예를 들어 코드의 들여쓰기에 탭을 사용해야 하는가, 스페이스를 사용해야 하는가?) 따라서 소속된 조직에 어떤 규칙을 제안할 때는, 반발에 부딪히고 각기 다른 팽팽한 의견을 들을 준비를 해야 한다. 그러나 규칙을 수립하여 일관되게 준수하는 것 자체가 규칙의 세부 사항보다 훨씬 중요하다는 사실을 명심하라.

들여쓰기

들여쓰기 없이 코드를 읽는 건 불가능하다. 유일하게 이보다 더 나쁜 것은 일관성 없이 들여쓰기를 사용한 코드이다. 이런 경우는 규칙을 따르는 것처럼 보이지만 읽다 보면 불시에 혼동이 발생할 수 있기 때문이다. 따라서 들여쓰기 사용을 표준화하는 것이 중요하다.

어떤 개발자는 탭으로 들여쓰기하는 것을 선호한다. 이렇게 하면 에디터에서 탭 표시를 조정하여 누구나 자신의 선호에 맞게 들여쓰기를 적용할 수 있기 때문이다. 어떤 개발자는 스페이스(대개 4개)를 선호한다. 팀원 모두가 동일한 규칙을 따르는 한 어느 쪽을 선택하든 문제되지 않는다. 이 책에서는 스페이스 4개의 들여쓰기를 사용했다. 이것은 JSLint의 기본값이기도 하다.

어떤 것을 들여쓰기해야 하는가? 규칙은 간단하다. 중괄호 안에 있으면 들여써라. 즉 함수의 본문, 루프(do, while, for, for-in), if와 switch문, 객체 리터럴 표기법을 사용한 객체 프로퍼티들이 여기에 해당한다. 다음 코드는 들여쓰기를 사용한 예들이다.

```javascript
function outer(a, b) {
    var c = 1,
        d = 2,
        inner;
    if (a > b) {
        inner = function () {
            return {
                r: c - d
            };
        };
```

```
    } else {
        inner = function () {
            return {
                r: c + d
            };
        };
    }
    return inner;
}
```

중괄호

중괄호는 생략할 수 있을 때도 항상 써야 한다. 기술적으로는 if나 for문에 명령문이 한 줄 뿐일 경우 중괄호를 생략할 수 있지만, 그런 경우에도 중괄호를 써야 한다. 이를 통해 코드에 일관성을 유지할 수 있고 수정하기도 쉬워진다.

명령문이 한 줄만 있는 for 루프가 있다고 하자. 중괄호를 생략해도 문법 오류는 발생하지 않는다.

```
// 나쁜 습관
for (var i = 0; i < 10; i += 1)
    alert(i);
```

그런데 만약 나중에, 루프 본문에 한 줄을 추가한다면 어떻게 될까?

```
// 나쁜 습관
for (var i = 0; i < 10; i += 1)
    alert(i);
    alert(i + " is " + (i % 2 ? "odd" : "even"));
```

들여쓰기가 눈속임을 하고 있지만 두 번째 alert은 루프 바깥에 있다. 한 줄짜리 블록에도 항상 중괄호를 사용하는 것이 장기적으로는 최선책이라고 할 수 있다.

```
// 좋은 습관
for (var i = 0; i < 10; i += 1) {
    alert(i);
}
```

if 조건문도 마찬가지다.

```
// 나쁜 습관
if (true)
    alert(1);
else
    alert(2);
```

```
// 좋은 습관
if (true) {
    alert(1);
} else {
    alert(2);
}
```

여는 중괄호의 위치

여는 중괄호를 같은 줄에 둘지, 다음 줄에 둘지에 대해서도 개발자들마다 선호가 다른 경향이 있다.

```
if (true) {
    alert("It's TRUE!");
}
```

또는

```
if (true)
{
    alert("It's TRUE!");
}
```

위의 예에 한정해서 말하자면 취향의 문제일 수 있지만, 중괄호의 위치에 따라 프로그램의 동작이 달라질 수도 있다. 이것은 세미콜론 삽입 장치 때문이다. 자바스크립트는 까다롭지 않아서 세미콜론을 쓰지 않고 행을 종료하면 알아서 대신 세미콜론을 추가해준다. 이러한 동작 방식은 함수의 반환 값이 객체 리터럴이고 이 객체의 여는 중괄호가 다음행에 올 경우 문제를 일으킬 수 있다.

```
// 경고: 예상과 다른 반환 값이 나온다
function func() {
    return
    {
        name: "Batman"
    };
}
```

이 함수가 name 프로퍼티를 가진 객체를 반환할 것이라고 예상했다면 당황하게 될 것이다. 자동으로 추가된 세미콜론 때문에 이 함수는 undefined를 반환한다. 위의 코드는 다음 코드와 동일하다.

```
// 경고: 예상과 다른 반환 값이 나온다
function func() {
    return undefined;
```

```
    // 이 다음에 나오는 코드는 실행되지 않는다...
    {
        name: "Batman"
    };
}
```

결론적으로 말하면, 항상 중괄호를 쓰고, 여는 중괄호는 선행하는 명령문과 동일한 행에 두어야 한다.

```
function func() {
    return {
        name: "Batman"
    };
}
```

 세미콜론에 대한 일러두기. 중괄호와 마찬가지로, 자바스크립트 파서가 대신해줄 수 있는 경우에도 세미콜론을 빼먹지 말고 사용해야 한다. 코드에 대한 좀더 엄격한 접근과 규율을 장려할 뿐 아니라 앞선 예제에서 본 것과 같은 애매한 문제를 해결하는 데 도움이 된다.

공백

공백을 활용하는 것으로도 가독성과 코드의 일관성을 향상시킬 수 있다. 문어체 영어에서는 쉼표와 마침표 뒤에 공백을 둔다. 자바스크립트에서도 똑같은 규칙을 따르면 된다. 표현식을 열거할 때 쉼표를 쓸 자리에 공백을 넣고, 명령문 끝에도 하나의 '생각'이 완결되었다는 의미로 공백을 넣는다.

다음과 같은 위치에 공백을 쓰면 좋다.

- for 루프의 구성요소를 분리하는 세미콜론 다음.

  ```
  for (var i = 0; i < 10; i += 1) {...}
  ```

- for 루프 내에서 여러 개의 변수(i와 max)를 초기화한 다음.

  ```
  for (var i = 0, max = 10; i < max; i += 1) {...}
  ```

- 배열의 원소들을 분리하는 쉼표 다음.

  ```
  var a = [1, 2, 3];
  ```

- 객체의 프로퍼티를 분리하는 쉼표 다음, 프로퍼티의 이름과 값을 분리하는 콜론 다음.

  ```
  var o = {a: 1, b: 2};
  ```

- 함수의 인자들을 분리할 때.

```
myFunc(a, b, c)
```

- 함수를 정의하는 중괄호 전.

```
function myFunc() {}
```

- 익명 함수 표현식에서 function 다음.

```
var myFunc = function () {};
```

모든 연산자와 피연산자를 스페이스로 분리하는 것도 공백 활용의 좋은 예 중 하나다. 즉 +, -, *, =, <, >, <=, >=, ===, !==, &&, ||, += 등의 앞뒤에 스페이스를 사용하라.

```
// 공백을 일관되게 충분히 사용함으로써
// 코드의 가독성을 높이고
// 코드가 "숨쉴 수 있게" 해준다.
var d = 0,
    a = b + 1;
if (a && b && c) {
    d = a % c;
    a += d;
}

// 안티패턴
// 공백을 빼먹거나 일관성 없이 사용하면
// 코드에 혼란을 가중시킨다.
var d= 0,
    a =b+1;
if (a&& b&&c) {
d=a %c;
    a+= d;
}
```

마지막으로 중괄호 앞뒤의 공백 활용에 대해 덧붙여 일러둔다. 다음은 공백을 활용하면 좋은 위치들이다.

- 함수, if-else문, 루프, 객체 리터럴의 여는 중괄호(`{`) 전
- 닫는 중괄호(`}`)와 else 또는 while 사이

공백을 마음껏 쓰면 파일 크기가 늘어난다는 이유로 반대하는 의견도 있다. 하지만 이 문제는 압축을 통해 해결해야 한다. (이 장의 뒷부분에서 다룬다)

 수직 공백의 활용은 코드 가독성에서 종종 간과되는 측면이다. 글을 쓸 때 생각을 묶는 단위로 문단을 사용하듯이, 코드 단위를 분리할 때 빈 행을 사용하라.

2.10 명명 규칙

코드를 좀더 예측 가능하고 유지보수하기 쉽게 만드는 또다른 방법은 명명 규칙이다. 즉 변수와 함수의 이름을 일관된 방식으로 결정하는 것이다.

아래에서 소개하는 명명 규칙들은 그대로 가져다 쓸 수도 있고 취향에 맞게 변형시킬 수도 있다. 다시 한번 말하지만, 규칙의 실제 내용보다는 규칙을 가지고 있다는 사실과 그것을 일관되게 따르는 것이 중요하다.

생성자를 대문자로 시작하기

자바스크립트에는 클래스가 없지만 생성자 함수를 new와 함께 호출할 수는 있다.

```
var adam = new Person();
```

생성자도 여전히 함수이기 때문에, 함수 이름만 보고 생성자로 쓸 함수인지 일반적인 함수인지 알아챌 수 있다면 도움이 된다.

생성자의 첫 글자를 대문자로 쓰면 이런 힌트를 줄 수 있다. 함수와 메서드 이름에 소문자를 사용하면 이것들은 new와 함께 호출되지 않는다는 의미다.

```
function MyConstructor() {...}
function myFunction() {...}
```

다음 장에서는 생성자가 실제로 생성자처럼 동작하도록 프로그램상으로 강제할 수 있게 해주는 몇몇 패턴들을 다룰 것이다. 하지만 단순히 명명 규칙을 지키는 것만으로도 소스코드를 읽는 개발자에게는 도움이 된다.

단어 구분

변수나 함수 이름에 여러 단어가 들어간다면 단어를 구분하는 규칙을 지키는 것이 좋다. 소위 '낙타 표기법(camel case)'은 이 경우에 널리 사용되는 규칙이다. 이 표기법은 각 단어의 첫 글자에만 대문자를 쓰고 나머지는 소문자를 사용한다.

생성자에는 MyConstructor()와 같이 대문자 낙타 표기법을 쓰고, 함수와 메서드에는 myFunction(), calculateArea() 또는 getFirstName()과 같이 소문자 낙타 표기법을 쓸 수 있다.

함수가 아닌 변수의 경우는 어떨까? 개발자들은 흔히 변수명에 소문자 낙타 표기법을 사용하는데, first_name, favorite_bands, old_company_name과 같이 모든 글자를 소문자로 쓰고 밑줄로 단어를 분리하는 것도 좋은 생각이다. 이렇게 하면 함수와 함수가 아닌 나머지 식별자(즉 원시 데이터 타입과 객체)를 시각적으로 구별하는 데 도움이 된다.

ECMAScript는 메서드와 프로퍼티에 모두 낙타 표기법을 사용하는데, 프로퍼티명이 복합어인 경우가 많지는 않다. (정규식 객체의 lastIndex와 ignoreCase 프로퍼티 정도가 있다.)

그 외의 명명 패턴

언어의 기능을 만들어내거나 대체하기 위해 명명 규칙을 사용하기도 한다.

예를 들어 자바스크립트에서는 상수를 정의할 방법이 없기 때문에 (Number. MAX_VALUE와 같이 내장 객체에는 일부 존재하지만) 프로그램의 생명주기 동안 값이 변경돼서는 안 되는 변수에 이름을 붙일 때 모든 글자를 대문자로 쓰는 규칙을 적용한다.

```
// 완전 소중한 상수. 변경하지 말 것.
var PI = 3.14,
    MAX_WIDTH = 800;
```

모든 글자를 대문자로 쓰는 규칙은 전역 변수명에도 사용된다. 전역 변수를 모두 대문자로 쓰면 쉽게 구별되기 때문에 전역 변수의 개수를 최소화하는 실천 방법을 상기시켜 준다.

기능을 암시할 수 있도록 이름을 정하는 또다른 규칙으로 비공개 멤버에 적용하는 규칙을 들 수 있다. 자바스크립트에서도 실질적으로 비공개 메서드를 구현하는 방법이 있기는 하지만, 메서드나 프로퍼티명에 접두어로 밑줄을 붙여 구별하기 쉽게만 해놓는 것이 더 편할 때도 있다. 다음 예제를 보자.

```
var person = {
    getName: function () {
        return this._getFirst() + ' ' + this._getLast();
    },
    _getFirst: function () {
        // ...
    },
    _getLast: function () {
        // ...
```

```
        }
    };
```

이 예제에서 getName()은 안정된 API에 속하는 공개 메서드를 뜻하지만 _getFirst()와 _getLast()는 비공개 메서드를 뜻한다. 이 메서드들도 실제로는 일반적인 공개 메서드이지만, 밑줄 접두어를 사용함으로써 향후 이 메서드의 동작을 보장할 수 없으며 따라서 직접 사용해서는 안 된다는 사실을 person 객체 사용자에게 경고하고 있다. JSLint에서 밑줄 접두어 사용을 지적받지 않으려면 nomen:false 옵션을 지정해야 한다.

다음은 _private 규칙의 몇 가지 변형 패턴들이다.

- name_ 또는 getElements_()와 같이 비공개라는 의미로 밑줄을 끝에 붙인다.
- _protected 프로퍼티에는 밑줄 한 개, __private 프로퍼티에는 밑줄 두 개를 사용한다.
- 파이어폭스에서는 자바스크립트가 공식적으로 지원하지 않는 내부 프로퍼티를 일부 사용할 수 있는데, 이 프로퍼티명에는 __proto__ 또는 __parent__ 처럼 앞뒤로 두 개의 밑줄이 붙어있다.

2.11 주석 작성

자신의 코드를 자신 외에 그 누구도 건드릴 일이 없을 것 같더라도, 코드에 주석을 달아야 한다. 문제에 깊이 몰입해있을 때에는 코드가 어떤 일을 하는지가 명백히 보이는 것 같지만, 대개 일주일 후에 다시 코드를 들춰보면 코드의 동작을 정확히 기억해내는 데 곤란을 겪게 된다.

뻔한 내용에 과도하게 주석을 달 필요는 없다. 즉 모든 변수, 모든 행에 주석을 달라는 게 아니다. 하지만 일반적으로 모든 함수의 매개변수와 반환 값에 대해서는 문서화할 필요가 있다. 이 외에, 특이하고 흥미로운 알고리즘이나 기법을 사용한 경우에도 주석을 단다. 주석은 코드를 읽을 미래의 독자에게 주는 힌트라고 생각하라. 독자들은 주석과 함수명 또는 프로퍼티명만 읽고도 코드가 어떤 일을 하는지 이해할 수 있어야 한다. 특정한 작업을 수행하는 코드가 대여섯 줄 정도 있다고 하자. 이 코드의 목적이 무엇이고 왜 여기 위치하는지를 설명하는 한 줄짜리 주석을 달아두면, 독자들이 코드의 자세한 내용을 건너뛸 수 있을 것이다. 주석을 얼마나 작성해야 하는가에 대한 엄격한 표준이나 비율 같은 건 존재하지 않는다. 어떤 코드는 코드보다 주석이 더 많이 필요할 수도 있다(정규식을 생각해보자).

 가장 중요하면서도 또 가장 지키기 어려운 수칙은 주석을 최신 버전으로 유지하는 것이다. 최신 버전과 맞지 않는 오래된 주석은 오해를 낳을 수 있고 아예 주석이 없는 것보다도 못하다.

다음 절에서 보게 되겠지만, 주석은 문서를 자동생성하는 데도 도움이 된다.

2.12 API 문서 작성

대부분의 개발자들이 문서 작성을 지루하고 보람 없는 일로 생각한다. 하지만 꼭 그렇지만은 않다. 코드 내 주석으로부터 API 문서를 자동으로 만들어낼 수 있기 때문이다. 즉 문서를 작성하지 않고도 문서화가 되는 것이다. 이는 대부분의 개발자에게 매력적인 이야기다. 특정 키워드와 특정 형식의 '명령문'을 사용해 그럴싸한 레퍼런스를 자동으로 생생해 낸다는 발상은 실제 프로그래밍과 상당히 흡사한 구석이 많다.

API 문서는 자바 세계에서 유래했다. 자바 SDK(Software Developer Kit)에는 javadoc이라는 유틸리티가 함께 배포된다. 이 아이디어는 다른 언어로도 많이 이식되었다. 자바스크립트에는 JSDoc 툴킷(http://code.google.com/p/jsdoc-toolkit/)과 YUIDoc(http://yuilibrary.com/projects/yuidoc)이라는 두 개의 훌륭한 도구가 있으며 모두 무료로 공개되어 있다.

API 문서 생성 과정은 다음과 같다.

- 특정한 형식에 맞추어 코드 블록을 작성한다.
- 도구를 실행해 코드와 주석을 파싱한다.
- 도구가 실행 결과를 발행한다. 대부분은 HTML 페이지 형식으로 이루어져 있다.

학습해야 할 특정 문법은 십여 개의 태그들로 이루어져있으며, 형태는 다음과 같다.

```
/**
 * @tag 관련값
 */
```

예를 들어 문자열의 순서를 뒤집는 reverse()라는 함수가 있다고 하자. 이 함수는 문자열을 인자로 받은 다음 또다른 문자열을 반환한다. 이 함수를 문서화하면 다음과 같이 될 것이다.

```
/**
 * 문자열을 반전시킨다
 *
 * @param {String} 반전시킬 입력 문자열
 * @return {String} 반전된 문자열
 */
var reverse = function (input) {
    // ...
    return output;
};
```

보다시피 매개변수를 표시하는 태그는 @param이고 반환 값을 표시하는 태그는 @return이다. 최종적으로 문서화 도구가 이 태그들을 파싱해 멋진 서식을 갖춘 일련의 HTML 문서를 만들어낸다.

YUIDoc 예제

YUIDoc은 원래 YUI(Yahoo! User Interface) 라이브러리를 문서화할 목적으로 제작되었으나, 어떤 프로젝트에나 사용할 수 있다. 이 도구의 효용을 극대화하기 위해서는 모듈이나 클래스와 같이 몇 가지 알아두어야 할 개념들이 있다. (물론 자바스크립트에는 클래스라는 게 없지만 말이다.)

YUIDoc을 사용하여 문서를 생성하는 전체 예제를 살펴보자.

그림 2-1은 최종적으로 얻게 될, 멋진 서식을 갖춘 문서의 모습이다. 프로젝트에 필요한 대로 HTML 템플릿을 수정하여, 좀더 멋지고 어울리는 느낌으로 다듬을 수도 있다.

http://jspatterns.com/book/2/에 가면 예제의 실제 모습을 볼 수 있다.

이 예제에서는 전체 애플리케이션이 하나의 파일(app.js)로 이루어져 있고 이 안에는 하나의 모듈(myapp)이 존재한다. 이어지는 장들에서 모듈에 대해 더 배우게 되겠지만 여기서는 모듈이 YUIDoc을 구동시키는 데 필요한 주석 태그라고만 생각하

그림 2-1 YUIDoc으로 생성한 문서

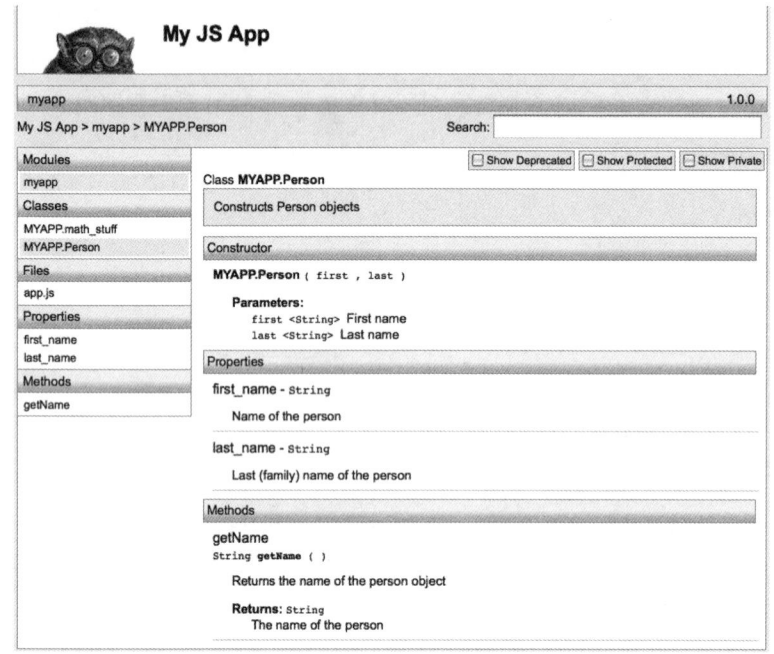

면 된다. app.js의 내용은 다음과 같이 시작한다.

```
/**
 * 나의  자바스크립트  애플리케이션
 *
 * @module myapp
 */
```

다음으로 네임스페이스로 사용할 빈 객체를 정의한다.

```
var MYAPP = {};
```

여기에 math_stuff라는 객체를 정의한 다음 sum()과 multi()라는 두 개의 메서드를 정의한다.

```
/**
 * 수학 계산 유틸리티
 * @namespace MYAPP
 * @class math_stuff
```

```
 */
MYAPP.math_stuff = {

    /**
     * 두 숫자를 더한다
     *
     * @method sum
     * @param {Number} a 첫 번째 숫자
     * @param {Number} b 두 번째 숫자
     * @return {Number} 두 숫자를 더한 값
     */
    sum: function (a, b) {
        return a + b;
    },

    /**
     * 두 숫자를 곱한다
     *
     * @method multi
     * @param {Number} a 첫 번째 숫자
     * @param {Number} b 두 번째 숫자
     * @return {Number} 두 숫자를 곱한 값
     */
    multi: function (a, b) {
        return a * b;
    }
};
```

이렇게 하여 첫 번째 '클래스'를 완성했다. 강조 표시한 태그들을 살펴보자.

@namespace

객체를 가리키는 전역 참조

@class

객체 또는 생성자 함수를 가리키는 의도된 오칭(誤稱)이다. 자바스크립트에는 클래스가 존재하지 않는다.

@method

객체의 메서드를 정의하고 메서드의 이름을 지정한다.

@param

함수가 받는 매개변수를 열거한다. 중괄호 안에 매개변수의 타입을 넣고 그 뒤에 매개변수의 이름과 설명을 쓴다.

@return

문법은 @param과 비슷하다. 이 태그는 메서드에 의한 반환 값을 설명하며 이름은 쓰지 않는다.

이번에는 생성자 함수를 사용한 다음 이 '클래스'의 프로토타입에 메서드를 추가해보겠다. 객체를 생성하는 방식에 따라 문서화 시스템의 동작 방식이 어떻게 달라지는지 보여주기 위한 것이다.

```
/**
 * Person 객체를 생성한다
 * @class Person
 * @constructor
 * @namespace MYAPP
 * @param {String} first 이름
 * @param {String} last 성
 */
MYAPP.Person = function (first, last) {
    /**
     * 사람의 이름
     * @property first_name
     * @type String
     */
    this.first_name = first;
    /**
     * 사람의 성
     * @property last_name
     * @type String
     */
    this.last_name = last;
};

/**
 * person 객체의 성명을 반환한다
 *
 * @method getName
 * @return {String} 사람의 성명
 */
MYAPP.Person.prototype.getName = function () {
    return this.first_name + ' ' + this.last_name;
};
```

그림 2-1을 보면 이 Person 생성자를 통해 자동생성된 문서의 모습이 나와 있다. 앞의 코드에서 강조 표시된 부분들을 살펴보자.

- @constructor 태그를 통해 '클래스'라는 것이 실제로는 생성자 함수임을 알 수 있다.
- @property와 @type 태그는 객체의 프로퍼티를 설명한다.

YUIDoc 시스템은 특정 언어에 의존하지 않으며 자바스크립트 코드가 아니라 주석 블록만을 파싱한다. 때문에 @property first_name과 같이 주석 안에 프로퍼티나 매개변수, 메서드의 이름을 반드시 기술해야 하는 단점이 있다. 그러나 한번 익숙해지고 나면, 다른 언어로 작성된 코드를 문서화하는 데도 동일한 시스템을 사용할 수 있다는 장점이 있다.

2.13 독자를 위한 문서 작성

API 문서 블록에 맞추어 주석을 작성하는 것은 그저 참고 문서를 손쉽게 만들기 위해서만은 아니다. 이를 통해 코드를 여러 번 다시 보게 되고 결과적으로 코드의 품질 개선에 도움이 된다.

모든 작가와 편집자가 교정의 중요성을 강조한다. 어쩌면 좋은 책이나 문서를 쓰는 데 가장 중요한 단계가 교정일지도 모르겠다. 종이 위에 뭔가를 써내려가는 것은 첫 걸음이자 초안에 불과하다. 초안도 독자에게 정보를 전달하긴 하지만 가장 명확하고 구조적이고 읽기 쉬운 방식이라고 하긴 어렵다.

코드 작성도 마찬가지다. 자리잡고 앉아 문제를 해결했을 때, 이 해결책은 그저 초안일 뿐이다. 기대되는 결과를 만들어냈다 해도, 그것이 최선의 방식일까? 읽고 이해하고 유지보수하고 수정하기 쉬운가? 어느 정도 시간이 흐른 다음에 코드를 다시 들춰보면 대부분의 경우 개선할 여지가 눈에 띌 것이다. 어떻게 하면 좀더 읽기 쉬워지겠다거나, 일부 비효율적인 부분을 삭제해야겠다는 식으로 말이다. 이것이 본질적으로 교정의 과정이며, 고품질의 코드라는 목표에 크게 기여한다. 그러나 대개 마감은 빠듯하고 ("여기 문제가 생겼어, 기한은 어제까지였고.") 교정할 시간은 많지 않다. 그렇기 때문에 API 문서 작성이 교정의 기회가 된다.

종종 문서 주석 블록을 작성하면서 문제를 재발견하게 된다. 예를 들어 메서드의 세 번째 매개변수가 사실상 두 번째 매개변수보다 더 자주 필요하고, 두 번째 매개변수는 기본값이 대부분 true라고 하자. 그렇다면 인터페이스를 살짝 변경하여 두 번째와 세 번째 매개변수를 맞바꾸는 게 더 말이 될 것이다. 이런 것들이 코드를 다시 읽으면서 좀더 확실해진다.

독자를 위한 문서 작성이란, 코드 또는 API 문서를 작성할 때 다른 누군가가 읽을 것이라고 생각하고 임하라는 말이다. 이 사실 자체만으로도 눈 앞의 문제를 해결하는 좀더 나은 방법을 생각해보게 된다.

초안 얘기로 돌아가서 "하나는 버릴 계획을 세워라"라는 말도 있다. 얼핏 보기엔 좀 극단적인 생각 같지만 사실 상당히 이치에 들어맞는 말이다. 특히 당장 사람들의 인생이 걸린 핵심 프로젝트에 당면해있다면 말이다. 이 말은 처음 떠오른 해결책은 일단 버리고 처음부터 다시 시작해야 한다는 뜻이다. 첫 번째 해결책은 동작은 할지 몰라도 그저 초안일 뿐이며 해결책의 한 예시에 불과하다. 문제에 대해 좀더 깊이 이해한 상태에서 나오는 두 번째 해결책이 항상 더 낫다. 또한 두 번째 해결책을 만들 때는 첫 번째 해결책을 복사해와서 붙여넣는 것을 금지해야 한다. 이런 규칙을 통해 손쉬운 지름길을 택하거나 불완전한 해결책에 안주하지 못하도록 할 수 있다.

2.14 동료 리뷰

코드의 품질을 개선하는 또다른 방법은 동료 리뷰를 거치는 것이다. 동료 리뷰는 형식을 갖추어 표준화할 수도 있고 특화된 도구의 도움을 받을 수도 있다. 특히 도구의 활용은 리뷰를 개발 과정의 일부로 통합시키는 좋은 방법이기도 하다. 그러나 리뷰 도구를 조사하고 채택할 시간이 얼마 없어도 문제가 되지는 않는다. 그저 옆자리 개발자에게 코드를 한번 봐달라고 부탁할 수도 있고, 아니면 자신의 코드를 동료에게 쭉 한번 설명해줄 수도 있다.

다시 말하지만 API 문서를 쓰거나 어떤 형태로든 코드를 문서화하는 것과 마찬가지로, 동료 리뷰를 거치면 좀더 명확한 코드를 작성하는 데 도움이 된다. 내가 무슨 일을 하고 있는지 다른 누군가가 읽고 이해해야 한다는 사실을 알게 되기 때문이다.

또한 동료 리뷰를 통해 결과적으로 코드 품질이 개선될 뿐만 아니라, 코드 작성자와 리뷰어 모두 지식을 교환 및 공유하게 되고, 서로의 경험과 개개인의 접근방식을 배우게 된다는 점에서도 장점을 찾을 수 있다.

혼자 일하는 회사라 코드를 봐줄 동료가 없다고 해서 리뷰를 할 수 없는 건 아니다. 코드 전체가 아니라도 적어도 일부는 언제라도 공개할 수 있고, 흥미로운 부분에 대해 블로그에 포스팅할 수도 있다. 전세계가 리뷰어가 되어준다.

또다른 훌륭한 실천 방법으로, CVS, 서브버전(Subversion), Git 등의 소스 관리 시스템을 활용하여, 누군가 코드를 올리면 팀에 이메일로 공지가 가도록 만드는 방법이 있다. 이런 이메일은 대부분 안 읽은 채로 버려지지만, 어쩌다 누군가 잠시 쉬는 시간에 당신이 방금 올린 코드를 들여다보는 데 시간을 내기로 마음 먹으면서 자발적인 코드 리뷰가 이루어질 수도 있다.

2.15 출시 단계의 압축

압축이란 자바스크립트 코드에서 공백, 주석 및 기타 중요하지 않은 부분들을 삭제함으로써 서버에서 브라우저로 전송되는 파일 크기를 감소시키는 공정이다. 보통 야후의 YUI컴프레서(YUICompressor)나 구글의 클로저 컴파일러(Closure Compiler)와 같은 압축 도구를 사용해 처리하며, 페이지 로딩 속도를 개선하는 데 도움이 된다. 대개 용량이 반 이상 줄어들 정도로 절약 효과가 상당하기 때문에, 출시 준비가 완료된 스크립트에는 반드시 압축을 적용해야 한다.

다음은 압축된 코드의 모습을 보여주는 예시다. 이 코드는 YUI2 라이브러리의 Event 유틸리티의 일부다.

```
YAHOO.util.CustomEvent=function(D,C,B,A){this.type=D;this.
scope=C||window;this.silent =B;this.signature=A||YAHOO.util.
CustomEvent.LIST;this.subscribers=[];if(!this.silent)
{}var E="_YUICEOnSubscribe";if(D!==E){this.subscribeEvent=new
YAHOO.util.CustomEvent(E,this,true);}...
```

압축 도구는 공백, 줄바꿈, 주석 등을 제거할 뿐 아니라, 위 코드에서 보이는 매개변수 D, C, B, A와 같이 변수명을 (변경해도 괜찮은 범위 내에서) 더 짧은 이름으로 변경하기도 한다. 전역 변수의 변수명을 변경하면 코드를 망가뜨릴 수 있기 때문에, 압축 도구는 보통 지역 변수명만 변경한다. 그러므로 가능한 항상 지역 변수를 활용해야 한다. DOM 참조와 같은 전역 변수를 함수 내에서 두 번 이상 사용한다면 지역 변수에 할당하라. 이렇게 하면 압축률이 향상되고 코드가 더 빨리 다운로드될 뿐 아니라, 변수명을 탐색하는 시간도 줄어들기 때문에 런타임의 코드 실행 속도도 개선된다.

구글 클로저 컴파일러(Google Closure Compiler)의 경우 '고급(advanced)' 모드에서는 전역 변수명에도 압축을 시도한다. 이러한 추가적인 압축은 위험하기 때문에, 효과를 제대로 보려면 숙련된 개발자가 좀더 주의를 기울일 필요가 있다.

코드 압축이 페이지 성능을 향상시키는 데 중요하긴 하지만, 이것은 압축 도구가 할 일이다. 미리부터 압축된 코드를 작성하려는 것은 잘못된 생각이다. 항상 서술적인 변수명을 사용하고 공백과 들여쓰기, 주석 등을 일관되게 써야 한다. 코드를 작성할 때는 사람이 읽을 것을 염두에 두고 코드를 유지보수할 사람들이 쉽고 빠르게 이해할 수 있도록 해야 한다. 파일 크기를 줄이는 일은 압축 도구에게 맡겨라.

2.16 JSLint 실행

JSLint는 앞 장에서 이미 소개했고 이번 장에서도 여러 차례 언급했다. 이쯤에선 자신의 코드에 JSLint를 실행시켜보는 게 좋은 프로그래밍 습관이라고 생각하게 되었을 것이다.

JSLint는 이번 장에서 다룬 단일 var 패턴이나 parseInt()에 기수 매개변수를 명시하는 패턴 등을 위반한 사례를 잡아낸다. JSLint가 잡아내는 위반 사례에는 다음과 같은 것들이 포함된다.

- 실행되지 않는 코드
- 변수를 정의하기 전에 사용한 경우
- 불안전한 UTF 문자
- void, with, eval을 사용한 경우
- 정규식 내에서 부적절하게 이스케이프한 문자

JSLint는 자바스크립트로 작성되어 있다. (그 코드 역시 JSLint를 통과했을 것이다.) 따라서 웹 기반 도구로도 사용할 수 있고, 코드를 다운로드하여 자바스크립트 인터프리터 외 여러 플랫폼에서 활용할 수 있다. WSH(Windows Scripting Host, 모든 윈도 시스템에 포함된 윈도 스크립팅 호스트), JSC(JavaScriptCore, 맥 OS X

에 포함된 자바스크립트 엔진), 라이노(모질라에서 개발한 자바스크립트 인터프리터) 등을 사용하면 JSLint를 로컬 개발 환경에서 실행시킬 수 있다.

JSLint를 다운받아 자신이 사용하는 텍스트 편집기에 통합시키면 파일을 저장할 때마다 JSLint를 실행해보는 습관을 들일 수 있어 대단히 좋다. (키보드 단축키를 지정해놓는 것도 도움이 된다.)

2.17 요약

이 장에서 우리는 유지보수 가능한 코드를 작성한다는 게 무슨 의미인지 살펴보았다. 이것은 소프트웨어 프로젝트의 성공 뿐 아니라 개발자와 주변 사람들의 행복과 정신건강에도 중요한 주제다. 또한 다음과 같은 필수적인 모범 실천 방법과 패턴들을 살펴보았다.

- 전역 변수를 최소화한다. 애플리케이션 당 전역 변수가 한 개만 존재하는 것이 가장 이상적이다.
- 함수 내 var 선언을 한 번만 사용한다. 단일한 위치에 모든 변수를 모아놓고 지켜볼 수 있고, 변수 호이스팅으로 인해 발생하는 예기치 못한 부작용을 방지한다.
- for 루프와 for-in 루프, swith문에 대해 살펴보았다.
- "eval()은 사악하다(eval() is evil)."
- 내장 생성자 프로토타입을 확장하지 않는다.
- 코드 작성 규칙을 준수한다. 공백, 들여쓰기를 일관성있게 사용하고, 중괄호와 세미콜론을 생략할 수 있더라도 반드시 쓴다.
- 생성자, 함수, 변수명에 명명 규칙을 준수한다.

또한 주석 작성, API 문서 자동 생성, 동료 리뷰 수행 등 코드와 직접 관련되지 않은 일반적인 프로그래밍 과정상의 실천 방법들도 살펴보았다. 가독성을 떨어뜨리면서 압축된 코드를 작성하려고 애쓸 필요는 없으며, 항상 JSLint를 통해 코드를 점검해야 한다.

3장

JAVASCRIPT PATTERNS

리터럴과 생성자

자바스크립트의 리터럴 표기법 패턴을 사용하면 좀더 정확하고 표현력이 풍부하면서도 에러율은 낮은 방식으로 객체를 정의할 수 있다. 이 장에서는 객체, 배열, 정규식 등의 리터럴을 다루며, 이에 대응하는 Object()나 Array() 등의 내장 생성자 함수에 비해 리터럴 표기법을 쓰는 게 더 좋은 이유를 살펴본다. JSON은 데이터 전송형식을 정의할 때 배열과 객체 리터럴이 어떻게 사용될 수 있는지를 실제로 선보인 사례다. 이 장에서는 사용자 정의 생성자에 대해서도 알아보고, 생성자가 의도대로 작동할 수 있도록 보장하는 방법을 살펴본다.

　이 장의 핵심 내용은 생성자 사용을 자제하고 대신 리터럴 표기법을 사용하라는 것이다. 그 연장선상에서 Number(), String(), Boolean()과 같은 내장 래퍼 생성자와 이에 대응하는 원시 데이터 타입인 숫자, 문자열, 불린 값을 비교해본다. 마지막으로 내장 Error() 생성자의 상이한 사용법에 대해서도 짧게 언급한다.

3.1 객체 리터럴

자바스크립트에서 '객체'라고 하면 단순히 이름-값 쌍의 해시 테이블을 생각하면 된다. 다른 언어에서 '연관 배열'이라 불리는 것과 유사하다. 원시 데이터 타입과 객체 모두 값이 될 수 있다. 함수도 값이 될 수 있으며 이런 함수는 메서드라고 부른다.

　자바스크립트에서 생성한 객체(다시 말해 사용자가 정의한 네이티브 객체)는 언제라도 변경할 수 있으며, 내장 네이티브 객체의 프로퍼티들도 대부분 변경이 가능하다. 빈 객체를 정의해놓고 기능을 추가해나갈 수도 있다. 객체 리터럴 표기법은 이처럼 필요에 따라 객체를 생성할 때 이상적이다.

다음 예제를 보자.

```
// 빈 객체에서 시작한다.
var dog = {};

// 프로퍼티 하나를 추가한다.
dog.name = "Benji";

// 이번에는 메서드를 추가한다.
dog.getName = function () {
    return dog.name;
};
```

이 예제는 백지와도 같은 빈 객체에서 시작한다. 그리고 나서 프로퍼티와 메서드를 추가한다. 프로그램 생명주기 중 어느 때라도 여러분은 다음과 같은 일을 할 수 있다.

• 프로퍼티와 메서드 값을 변경할 수 있다.

```
dog.getName = function () {
    // 메서드가 하드코딩된 값을 반환하도록 재정의한다.
    return "Fido";
};
```

• 프로퍼티나 메서드를 완전히 삭제한다.

```
delete dog.name;
```

• 다른 프로퍼티나 메서드를 추가한다.

```
dog.say = function () {
    return "Woof!";
};
dog.fleas = true;
```

반드시 빈 객체에서 시작해야 하는 것은 아니다. 객체 리터럴 표기법을 쓰면 다음 예제처럼 생성 시점에 객체에 기능을 추가할 수 있다.

```
var dog = {
    name: "Benji",
    getName: function () {
        return this.name;
    }
};
```

이 책 여러 곳에서 '빈 객체'라는 표현을 보게 될 것이다. 하지만 이 표현은 간결성을 위한 것일 뿐 자바스크립트에 빈 객체란 없다는 사실을 알아두어야 한다. 가장 간단한 { } 객체조차도 이미 Object.prototype에서 상속받은 프로퍼티와 메서드를 가진다. '비어 있다'는 말은 어떤 객체가 상속받은 것 외에는 자기 자신의 프로퍼티를 갖고 있지 않다는 뜻으로 이해하면 된다.

객체 리터럴 문법

객체 리터럴 표기법에 익숙하지 않다면 처음엔 이 표기법이 좀 이상해보일 수 있다. 하지만 사용하면 할수록 점점 더 빠져들게 될 것이다. 실질적인 문법 규칙은 다음과 같다.

- 객체를 중괄호({와 })로 감싼다.
- 객체 내의 프로퍼티와 메서드를 쉼표(,)로 분리한다. 마지막 이름-값 쌍 뒤에 쉼표가 들어가면 IE에서는 에러가 발생하므로, 마지막에는 사용하지 말아야 한다.
- 프로퍼티명과 프로퍼티 값은 콜론으로 분리한다.
- 객체를 변수에 할당할 때는 닫는 중괄호 뒤에 세미콜론을 빼먹지 않도록 하라.

생성자 함수로 객체 생성하기

자바스크립트에는 클래스가 없기 때문에 상당히 유연하다. 객체에 대해 사전에 알아두어야 하는 내용, 즉 클래스의 '청사진' 같은 것이 필요 없기 때문이다. 그러나 자바스크립트에도 자바와 같은 클래스 기반 객체 생성과 비슷한 문법을 가지는 생성자 함수가 존재한다.

객체를 생성할 때는 직접 만든 생성자 함수를 사용할 수도 있고, Object(), Date(), String() 등 내장 생성자를 사용할 수도 있다.

다음 예제는 동일한 객체를 생성하는 두 가지 방법을 보여준다.

```
// 첫 번째 방법 - 리터럴 사용
var car = {goes: "far"};

// 다른 방법 - 내장 생성자 사용
// 경고: 이 방법은 안티패턴이다.
var car = new Object();
car.goes = "far";
```

보다시피 객체 리터럴 표기법의 명백한 이점은 더 짧다는 것이다. 또한 객체란 그저 변형가능한 해시에 불과하며 어떤 '조리법'에 의해 (즉 클래스로부터) 구워내야만 하는 특별한 것이 아님을 확실히 보여준다. 이것도 리터럴로 객체를 생성하는 패턴의 장점 중 하나다.

리터럴 표기법을 사용하면 유효범위 판별 작업도 발생하지 않는다. 생성자 함수를 사용했다면 지역 유효범위에 동일한 이름의 생성자가 있을 수 있기 때문에 Object()를 호출한 위치에서부터 전역 Object 생성자까지 인터프리터가 쭉 거슬러 올라가며 유효범위를 검색해야 한다.

객체 생성자의 함정

객체 리터럴을 사용할 수 있는 상황에서는 new Object() 생성자를 쓸 이유가 없지만, 다른 사람이 작성한 레거시 코드를 물려받을 수도 있기 때문에 이 생성자의 '기능' 하나를 알아둘 필요가 있다. (결국 생성자를 써서는 안 되는 이유이기도 하다.) 문제의 기능은 Object() 생성자가 인자를 받을 수 있다는 점이다. 인자로 전달되는 값에 따라 생성자 함수가 다른 내장 생성자에 객체 생성을 위임할 수 있고, 따라서 기대한 것과는 다른 객체가 반환되기도 한다.

다음은 new Object()에 숫자, 문자열, 불린 값을 전달한 몇 가지 예다. 예상한 바와 다른 생성자로 생성된 객체가 반환된다.

```javascript
// 경고: 모두 안티패턴이다

// 빈 객체
var o = new Object();
console.log(o.constructor === Object); // true

// 숫자 객체
var o = new Object(1);
console.log(o.constructor === Number); // true
console.log(o.toFixed(2)); // "1.00"

// 문자열 객체
var o = new Object("I am a string");
console.log(o.constructor === String); // true
// 일반적인 객체에는 substring()이라는 메서드가 없지만 문자열 객체에는 있다
console.log(typeof o.substring); // "function"

// 불린 객체
var o = new Object(true);
console.log(o.constructor === Boolean); // true
```

Object() 생성자의 이 같은 동작 방식 때문에, 런타임에 결정하는 동적인 값이 생성자에 인자로 전달될 경우 예기치 않은 결과가 반환될 수 있다. 거듭 말하지만 결론적으로, new Object()를 사용하지 마라. 더 간단하고 안정적인 객체 리터럴을 사용하라.

3.2 사용자 정의 생성자 함수

객체 리터럴 패턴이나 내장 생성자 함수를 쓰지 않고, 직접 생성자 함수를 만들어 객체를 생성할 수도 있다. 다음 예제를 살펴보자.

```
var adam = new Person("Adam");
adam.say(); // "I am Adam"
```

이 패턴은 자바에서 Person이라는 클래스를 사용하여 객체를 생성하는 방식과 상당히 유사하다. 그러나 문법은 비슷해도 자바스크립트에는 클래스라는 것이 없으며 Person은 그저 보통의 함수일 뿐이다.

다음은 Person 생성자 함수를 정의한 예시다.

```
var Person = function (name) {
    this.name = name;
    this.say = function () {
        return "I am " + this.name;
    };
};
```

new와 함께 생성자 함수를 호출하면 함수 안에서 다음과 같은 일이 일어난다.

• 빈 객체가 생성된다. 이 객체는 this라는 변수로 참조할 수 있고, 해당 함수의 프로토타입을 상속받는다.
• this로 참조되는 객체에 프로퍼티와 메서드가 추가된다.
• 마지막에 다른 객체가 명시적으로 반환되지 않을 경우, this로 참조된 이 객체가 반환된다.

즉 이면에서는 다음과 같이 진행된다고 할 수 있다.

```
var Person = function (name) {

    // 객체 리터럴로 새로운 객체를 생성한다
```

```
        // var this = {};

        // 프로퍼티와 메서드를 추가한다.
        this.name = name;
        this.say = function () {
            return "I am " + this.name;
        };

        // this를 반환한다.
        // return this;
    };
```

이 예제에서는 간단히 say()라는 메서드를 this에 추가했다. 결과적으로 new Person()을 호출할 때마다 메모리에 새로운 함수가 생성된다. say()라는 메서드는 인스턴스별로 달라지는 게 아니므로 이런 방식은 명백히 비효율적이다. 이 메서드는 Person의 프로토타입에 추가하는 것이 더 낫다.

```
    Person.prototype.say = function () {
        return "I am " + this.name;
    };
```

이어지는 장에서 프로토타입과 상속에 대해 더 자세히 다루겠지만, 여기서는 메서드와 같이 재사용되는 멤버는 프로토타입에 추가해야 한다는 점만 기억해두자. 책 뒷부분에 가면 더 확실해지겠지만 만전을 기하는 의미에서 한 가지 더 언급할 만한 사실이 있다. 먼저 생성자 내부에서 다음과 같은 일이 벌어진다고 했다.

```
    // var this = {};
```

이것이 다가 아니다. 왜냐하면 '빈' 객체라는 게 실제로는 텅 빈 것이 아니기 때문이다. 이 객체는 Person의 프로토타입을 상속받는다. 즉 다음 코드에 더 가깝다.

```
    // var this = Object.create(Person.prototype);
```

Object.create()의 의미에 대해서는 책 뒷부분에서 다룰 것이다.

생성자의 반환 값

생성자 함수를 new와 함께 호출하면 항상 객체가 반환된다. 기본값은 this로 참조되는 객체다. 생성자 함수 내에서 아무런 프로퍼티나 메서드를 추가하지 않았다면 '빈'(즉 생성자의 프로토타입에서 상속된 것 외에는 '비어 있는') 객체가 반환될 것이다.

함수 내에 return문을 쓰지 않았더라도 생성자는 암묵적으로 this를 반환한다. 그러나 반환 값이 될 객체를 따로 정할 수도 있다. 다음 예제에서는 새로운 객체를 생성하여 that으로 참조하고 반환하는 것을 볼 수 있다.

```
var Objectmaker = function () {

    // 생성자가 다른 객체를 대신 반환하기로 결정했기 때문에
    // 다음의 'name' 프로퍼티는 무시된다.
    this.name = "This is it";

    // 새로운 객체를 생성하여 반환한다.
    var that = {};
    that.name = "And that's that";
    return that;
};

// 테스트해보자
var o = new Objectmaker();
console.log(o.name); // "And that's that"
```

이와 같이 생성자에서는 어떤 객체라도 (객체이기만 하다면) 반환할 수 있다. 객체가 아닌 것(예를 들면 문자열이나 false 값)을 반환하려고 시도하면, 에러가 발생하진 않지만 그냥 무시되고 this에 의해 참조된 객체가 대신 반환된다.

3.3 new를 강제하는 패턴

앞서 언급했듯이 생성자란 new와 함께 호출될 뿐 여전히 별다를 것 없는 함수에 불과하다. 그렇다면 생성자를 호출할 때 new를 빼먹으면 어떻게 될까? 문법 오류나 런타임 에러가 발생하지는 않지만, 논리적인 오류가 생겨 예기치 못한 결과가 나올 수 있다. new를 빼먹으면 생성자 내부의 this가 전역 객체를 가리키게 되기 때문이다. (브라우저에서라면 this가 window를 가리키게 된다.)

생성자 내부에 this.member와 같은 코드가 있을 때 이 생성자를 new 없이 호출하면, 실제로는 전역 객체에 member라는 새로운 프로퍼티가 생성된다. 이 프로퍼티는 window.member 또는 그냥 member를 통해 접근할 수 있다. 알다시피 전역 네임스페이스는 항상 깨끗하게 유지해야 하기 때문에, 이런 동작 방식은 대단히 바람직하지 않다.

```
// 생성자
function Waffle() {
    this.tastes = "yummy";
}

// 새로운 객체
var good_morning = new Waffle();
console.log(typeof good_morning); // "object"
console.log(good_morning.tastes); // "yummy"

// 안티패턴:
// 'new' 를 빼먹었다
var good_morning = Waffle();
console.log(typeof good_morning); // "undefined"
console.log(window.tastes); // "yummy"
```

ECMAScript 5에서는 이러한 동작 방식의 문제에 대한 해결책으로, 스트릭트 모드에서는 this가 전역 객체를 가리키지 않도록 했다. ES 5를 쓸 수 없는 상황이라면, 생성자 함수가 new 없이 호출되어도 항상 동일하게 동작하도록 보장하는 방법을 써야 한다.

명명 규칙

가장 간단한 대안은 앞 장에서 다룬 명명 규칙을 사용하는 것이다. 생성자 함수명의 첫글자를 대문자로 쓰고(MyConstructor) '일반적인'함수와 메서드의 첫글자는 소문자를 사용한다(myFunction).

that 사용

명명 규칙을 따르는 것도 꽤 도움이 되지만 이는 올바른 동작 방식을 권고할 뿐 강제하지는 못한다. 생성자가 항상 생성자로 동작하도록 해주는 패턴을 살펴보자. this에 모든 멤버를 추가하는 대신, that에 모든 멤버를 추가한 후 that을 반환하는 것이다.

```
function Waffle() {
    var that = {};
    that.tastes = "yummy";
    return that;
}
```

간단한 객체라면 that이라는 지역 변수를 만들 필요도 없이 객체 리터럴을 통해 객체를 반환해도 된다.

```
function Waffle() {
    return {
        tastes: "yummy"
    };
}
```

위의 Waffle() 구현 중 어느 것을 사용해도, 호출 방법과 상관 없이 항상 객체가 반환된다.

```
var first = new Waffle(),
    second = Waffle();
console.log(first.tastes); // "yummy"
console.log(second.tastes); // "yummy"
```

이 패턴의 문제는 프로토타입과의 연결고리를 잃어버리게 된다는 점이다. 즉 Waffle() 프로토타입에 추가한 멤버를 객체에서 사용할 수 없다.

 that이라는 변수명은 관습적인 것으로, 언어에 정의돼 있진 않다. 어떤 이름이라도 쓸 수 있다. 흔히 사용되는 변수명으로는 self와 me 등이 있다.

스스로를 호출하는 생성자

앞서 설명한 패턴의 문제점을 해결하고 인스턴스 객체에서 프로토타입의 프로퍼티들을 사용할 수 있게 하려면, 다음 접근 방법을 고려하라. 생성자 내부에서 this가 해당 생성자의 인스턴스인지를 확인하고, 그렇지 않은 경우 new와 함께 스스로를 재호출하는 것이다.

```
function Waffle() {

    if (!(this instanceof Waffle)) {
        return new Waffle();
    }

    this.tastes = "yummy";

}
Waffle.prototype.wantAnother = true;

// 호출 확인
```

```
var first = new Waffle(),
    second = Waffle();

console.log(first.tastes); // "yummy"
console.log(second.tastes); // "yummy"

console.log(first.wantAnother); // true
console.log(second.wantAnother); // true
```

인스턴스를 판별하는 또다른 범용적인 방법은 생성자 이름을 하드코딩하는 대신 arguments.callee와 비교하는 것이다.

```
if (!(this instanceof arguments.callee)) {
    return new arguments.callee();
}
```

이것은 모든 함수가 호출될 때, 내부적으로 arguments라는 객체가 생성되며, 이 객체가 함수에 전달된 모든 인자를 담고 있다는 점을 활용한 패턴이다. arguments의 callee라는 프로퍼티는 호출된 함수를 가리킨다. arguments.callee는 ES 5의 스트릭트 모드에서는 허용되지 않는다는 점에 유의하라. 향후의 사용은 제한하는 것이 좋고, 기존 코드에서 발견되는 경우 제거해야 한다.

3.4 배열 리터럴

자바스크립트의 배열은 이 언어 내 다른 모든 것들과 마찬가지로 객체다. 내장 생성자인 Array()로도 배열을 생성할 수 있지만 리터럴 표기법도 존재하며, 객체 리터럴과 마찬가지로 배열 리터럴 표기법이 더 간단하고 장점이 많다.

다음은 각각 Array() 생성자와 리터럴 패턴을 사용하여, 동일한 원소를 가지는 배열 두 개를 만드는 방법을 보여준다.

```
// 세 개의 원소를 가지는 배열
// 경고: 안티패턴이다
var a = new Array("itsy", "bitsy", "spider");

// 위와 똑같은 배열
var a = ["itsy", "bitsy", "spider"];

console.log(typeof a); // 배열도 객체이기 때문에 "object"가 출력된다.
console.log(a.constructor === Array); // true
```

배열 리터럴 문법

배열 객체 표기법에는 특별할 게 없다. 각 원소는 쉼표로 분리하고 전체 목록을 대괄호로 감싼다. 객체나 다른 배열 등 어떤 타입의 값이든 배열 원소로 지정할 수 있다.

배열 리터럴 문법은 간단하고 직관적이며 우아하다. 결국 배열이란 0에서 인덱스를 시작하는 값의 목록이다. 생성자와 new 연산자를 가져오거나 코드를 장황하게 써서 일을 복잡하게 만들 이유가 전혀 없다.

배열 생성자의 특이성

new Array()를 멀리해야 하는 또다른 이유는 이 생성자가 품고 있는 함정을 피하기 위해서다.

Array() 생성자에 숫자 하나를 전달할 경우, 이 값은 배열의 첫 번째 원소 값이 되는 게 아니라 배열의 길이를 지정한다. 즉 new Array(3) 은 길이가 3이고 실제 원소 값은 가지지 않는 배열을 생성한다. 원소가 존재하지 않기 때문에 어느 원소에 접근하든 undefined 값을 얻게 된다. 다음 코드 예제는 인자를 한 개 넘겨 배열을 생성할 때 리터럴과 생성자 함수의 서로 다른 동작 방식을 보여준다.

```
// 한 개의 원소를 가지는 배열
var a = [3];
console.log(a.length); // 1
console.log(a[0]); // 3

// 세 개의 원소를 가지는 배열
var a = new Array(3);
console.log(a.length); // 3
console.log(typeof a[0]); // "undefined"
```

이것도 의외의 동작 방식이지만, new Array()에 정수가 아닌 부동소수점을 가지는 수를 전달할 경우 더욱 예상 밖의 결과가 나온다. 부동소수점을 가지는 수는 배열의 길이로 유효한 값이 아니기 때문에 에러가 발생한다.

```
// 리터럴 사용
var a = [3.14];
console.log(a[0]); // 3.14

var a = new Array(3.14); // 배열의 길이로 유효하지 않은 값이므로
                          // RangeError가 발생한다.
console.log(typeof a); // "undefined"
```

런타임에 동적으로 배열을 생성할 경우 에러 발생을 피하려면 배열의 리터럴 표기법을 쓰는 것이 훨씬 안전하다.

 그러나 Array() 생성자를 독창적으로 활용하는 사례들도 있다. 예를 들면 다음 코드 조각을 실행시키면 255개의 공백문자로 이루어진 문자열을 반환한다. (왜 256개가 아닌지는 독자 여러분의 판단에 맡기겠다.)

```
var white = new Array(256).join(' ');
```

배열인지 판별하는 방법

배열에 typeof 연산자를 사용하면 "object"가 반환된다.

```
console.log(typeof [1, 2]); // "object"
```

배열도 객체이니 이 말도 맞기는 하지만 그리 도움이 되지는 않는다. 값이 실제로 배열인지 알아내야 하는 경우가 자주 있다. length나 slice() 등 배열의 일부 프로퍼티나 메서드가 존재하는지 확인해 볼 수도 있다. 하지만 배열이 아닌 객체가 똑같은 이름의 프로퍼티나 메서드를 가지지 말란 법이 없으므로 이런 판별 방법은 견고하다고 할 수 없다. instanceof Array를 사용하는 사람들도 있는데, 이 방법은 IE 일부 버전에서는 프레임간 사용시 올바르게 동작하지 않는다.

ECMAScript 5에서는 Array.isArray()라는 새로운 메서드가 정의되었다. 이 메서드는 인자가 배열이면 true를 반환한다. 다음 예제를 보자.

```
Array.isArray([]); // true

// 배열과 비슷한 객체로 속여본다
Array.isArray({
    length: 1,
    "0": 1,
    slice: function () {}
}); // false가 반환된다.
```

실행 환경에서 이 메서드를 사용할 수 없는 경우에는 Object.prototype.toString() 메서드를 호출하여 판별할 수 있다. 배열에 toString을 호출하면 "[object Array]"라는 문자열을 반환하게 되어 있다. 객체일 경우에는 문자열 "[object Object]"가 반환될 것이다. 따라서 다음과 같이 배열 판별 메서드를 작성할 수 있다.

```
if (typeof Array.isArray === "undefined") {
    Array.isArray = function (arg) {
        return Object.prototype.toString.call(arg)
                === "[object Array]";
    };
}
```

3.5 JSON

이제 지금까지 다룬 배열과 객체 리터럴에 친숙해졌다면, 이번엔 JSON에 대해 알아보자. JSON은 자바스크립트 객체 표기법(JavaScript Object Notation)의 준말로, 데이터 전송 형식의 일종이다. 자바스크립트를 비롯하여 여러 언어에서 가볍고 편리하게 쓸 수 있다.

JSON에 대해 새로 배울 것은 사실 하나도 없다. JSON은 그저 배열과 객체 리터럴 표기법의 조합일 뿐이다. 다음은 JSON 문자열의 예다.

```
{"name": "value", "some": [1, 2, 3]}
```

JSON에서는 프로퍼티명을 따옴표로 감싸야 한다는 점이 객체 리터럴과의 유일한 문법적 차이다. 객체 리터럴은 프로퍼티명이 식별자로서 유효하지 않은 경우에만 따옴표가 필요하다. 즉 {"first name": "Dave"}에서처럼 프로퍼티명에 공백문자가 포함되었다면 따옴표로 감싸주어야 한다.

JSON 문자열에는 함수나 정규식 리터럴을 사용할 수 없다.

JSON 다루기

전 장에서 언급했듯이 eval을 사용하여 무턱대고 JSON 문자열을 평가하면 보안 문제가 있을 수 있기 때문에 바람직하지 않다. 가능하면 JSON.parse()를 사용하는 것이 최선책이다. 이 메서드는 ES 5부터 언어에 포함되었고 최신 브라우저의 자바스크립트 엔진에 내장되어 있다. 구형 자바스크립트 엔진에서는 JSON.org의 라이브러리(http://www.json.org/json2.js)를 쓸 수 있다.

```
// 입력되는 JSON 문자열
var jstr = '{"mykey": "my value"}';

// 안티패턴
var data = eval('(' + jstr + ')');
```

```
// 권장안
var data = JSON.parse(jstr);

console.log(data.mykey); // "my value"
```

자바스크립트 라이브러리를 사용하고 있다면 이미 JSON을 파싱하는 유틸리티가 포함돼 있어 JSON.org 라이브러리를 추가할 필요가 없을 가능성이 많다. 예를 들어 YUI3을 사용하고 있다면 다음과 같이 할 수 있다.

```
// 입력되는 JSON 문자열
var jstr = '{"mykey": "my value"}';

// YUI 인스턴스를 사용하여 문자열을 파싱하고 객체로 변환한다
YUI().use('json-parse', function (Y) {
    var data = Y.JSON.parse(jstr);
    console.log(data.mykey); // "my value"
});
```

jQuery에는 parseJSON()이라는 메서드가 있다.

```
// 입력되는 JSON 문자열
var jstr = '{"mykey": "my value"}';

var data = jQuery.parseJSON(jstr);
console.log(data.mykey); // "my value"
```

JSON.parse() 메서드의 반대는 JSON.stringify()다. 이 메서드는 객체 또는 배열(또는 원시 데이터 타입)을 인자로 받아 JSON 문자열로 직렬화한다.

```
var dog = {
    name: "Fido",
    dob: new Date(),
    legs: [1, 2, 3, 4]
};

var jsonstr = JSON.stringify(dog);

// jsonstr 값은 다음과 같다.
// {"name":"Fido","dob":"2010-04-11T22:36:22.436Z","legs":[1,2,3,4]}
```

3.6 정규 표현식 리터럴

자바스크립트에서는 정규 표현식(regular expression, 정규식) 역시 객체이며 정규식을 생성하는 방법은 두 가지다.

- new RegExp() 생성자를 사용한다.
- 정규식 리터럴을 사용한다.

다음 예제는 정규식을 생성하는 방법을 보여준다. 이 정규식은 역슬래시(\) 하나에 매치된다.

```
// 정규식 리터럴
var re = /\\/gm;

// 생성자
var re = new RegExp("\\\\", "gm");
```

보다시피 정규식 리터럴이 더 짧고, 클래스 방식의 생성자를 고민하지 않아도 되기 때문에 더 쓰기 편하다.

또 RegExp() 생성자를 사용하면 따옴표나 역슬래시 등을 이스케이프해야 한다. 위의 코드를 보면 역슬래시 하나에 매치시키기 위해 네 개의 역슬래시가 필요하다는 것을 알 수 있다. 이 때문에 정규식이 길어지고 이해하기도 수정하기도 더 어렵다. 정규식 자체가 이미 어렵기 때문에 조금이라도 간단하게 만드는 것이 좋다. 따라서 정규식 리터럴을 고수하는 것이 최선이다.

정규 표현식 리터럴 문법

정규식 리터럴 표기법은 매칭에 사용되는 정규식 패턴을 슬래시로 감싼다. 두 번째 슬래시 뒤에는 따옴표 없이 문자 형태의 변경자를 둘 수 있다.

- g: 전역 매칭
- m: 여러 줄 매칭
- i: 대소문자 구분 없이 매칭

패턴 변경자는 순서에 상관 없이 쓸 수 있으며 여러 개를 함께 써도 된다.

```
var re = /pattern/gmi;
```

정규식 리터럴을 사용하면 정규식 객체를 인자로 받는 String.prototype.replace()와 같은 메서드를 호출할 때 좀더 정확한 코드를 작성할 수 있다.

```
var no_letters = "abc123XYZ".replace(/[a-z]/gi, "");
console.log(no_letters); // 123
```

그러나 매칭시킬 패턴을 미리 알 수 없고 런타임에 문자열로 만들어지는 경우에는 new RegExp()를 사용해야 한다.

정규식 리터럴과 생성자의 또다른 차이점으로는 정규식 리터럴의 경우 파싱될 때 단 한 번만 객체를 생성한다는 점을 들 수 있다. 루프 안에서 동일한 정규식을 생성하면 이미 생성된 객체가 반환되며 lastIndex 등 모든 프로퍼티는 최초에 설정된 상태를 이어받는다. 다음 예제는 동일한 객체가 두 번 반환되는 과정을 보여준다.

```javascript
function getRE() {
    var re = /[a-z]/;
    re.foo = "bar";
    return re;
}

var reg = getRE(),
    re2 = getRE();

console.log(reg === re2); // true
reg.foo = "baz";
console.log(re2.foo); // "baz"
```

마지막으로 덧붙이자면, new를 빼먹고 RegExp()를 호출해도 (즉 생성자가 아니라 함수처럼 호출해도) new와 함께 호출한 것처럼 동작한다.

> ES 5에서는 리터럴을 사용해도 새로운 객체가 생성되도록 변경되었다. 대다수 브라우저 환경에서도 이에 따라 동작 방식이 수정되었기 때문에 믿을 만한 동작 방식은 아니다.

3.7 원시 데이터 타입 래퍼

자바스크립트에는 숫자, 문자열, 불린, null, undefined의 다섯 가지 원시 데이터 타입이 있다. null과 undefined를 제외한 나머지 세 개는 원시 데이터 타입 래퍼라 불리는 객체를 가지고 있다. 이 래퍼 객체는 각각 내장 생성자인 Number(), String(), Boolean()을 사용하여 생성된다.

다음 예제는 원시 데이터 타입 숫자와 숫자 객체의 차이를 보여준다.

```javascript
// 원시 데이터 타입 숫자
var n = 100;
console.log(typeof n); // "number"
```

```
// 숫자 객체
var nobj = new Number(100);
console.log(typeof nobj); // "object"
```

래퍼 객체에는 유용한 프로퍼티와 메서드들이 들어 있다. 예를 들어 숫자 객체에는 toFixed()와 toExponential() 같은 메서드가 있고, 문자열 객체에는 substring(), charAt(), toLowerCase() 같은 메서드와 length 프로퍼티가 있다. 이런 편리한 메서드를 쓰기 위해 원시 데이터 타입을 쓰지 않고 객체를 만들게 된다. 그러나 원시 데이터 타입 그대로 써도 래퍼 객체의 메서드를 활용할 수 있다. 메서드를 호출하는 순간 내부적으로는 원시 데이터 타입 값이 객체로 임시 변환되어 객체처럼 동작한다.

```
// 원시 데이터 타입 문자열을 객체로 사용한다
var s = "hello";
console.log(s.toUpperCase()); // "HELLO"

// 값 자체만으로도 객체처럼 동작할 수 있다.
"monkey".slice(3, 6); // "key"

// 숫자도 마찬가지다.
(22 / 7).toPrecision(3); // "3.14"
```

원시 데이터 타입 값도 언제든 객체처럼 쓸 수 있기 때문에 장황한 래퍼 생성자를 쓸 필요는 사실 별로 없다. 그냥 "hi"라고만 써도 되는데 굳이 new String("hi")라고 쓸 이유가 없다는 얘기다.

```
// 다음과 같은 방식을 피하라.
var s = new String("my string");
var n = new Number(101);
var b = new Boolean(true);

// 이렇게 쓰는 것이 더 간단하고 좋다.
var s = "my string";
var n = 101;
var b = true;
```

값을 확장하거나 상태를 지속시키기 위해 래퍼 객체를 쓰는 경우도 있다. 원시 데이터 타입은 객체가 아니기 때문에 프로퍼티를 추가하여 확장할 수가 없다.

```
// 원시 데이터 타입 문자열
var greet = "Hello there";

// split() 메서드를 쓰기 위해 원시 데이터 타입이 객체로 변환된다.
greet.split(' ')[0]; // "Hello"
```

```
// 원시 데이터 타입에 확장을 시도할 경우 에러는 발생하지 않는다.
greet.smile = true;

// 그러나 실제로 동작하는 것은 아니다.
typeof greet.smile; // "undefined"
```

이 코드에서 greet은 프로퍼티 또는 메서드에 접근하는 작업을 에러 없이 처리하기 위해 일시적으로만 객체로 변환된 것 뿐이다. 그러나 만약 greet가 new String()을 사용하여 객체로 정의되었다면 기대한 바대로 smile 프로퍼티가 생성되었을 것이다. 이런 결과를 기대한 게 아니라면, 문자열, 숫자, 불린 값을 확장할 일은 거의 없기 때문에 래퍼 객체를 쓸 일 역시 거의 없다고 할 수 있다.

new를 빼먹고 래퍼 생성자를 사용하면, 래퍼 생성자가 인자를 원시 데이터 타입의 값으로 변환한다.

```
typeof Number(1); // "number"
typeof Number("1"); // "number"
typeof Number(new Number()); // "number"
typeof String(1); // "string"
typeof Boolean(1); // "boolean"
```

3.8 에러 객체

자바스크립트에는 Error(), SyntaxError(), TypeError() 등 여러 가지 에러 생성자가 내장되어 있으며 throw 문과 함께 사용된다. 이 생성자들을 통해 생성된 에러 객체들은 다음과 같은 프로퍼티를 가진다.

name
객체를 생성한 생성자 함수의 name 프로퍼티. 범용적인 "Error"일 수도 있고 "RangeError"와 같이 좀더 특화된 생성자일 수도 있다.

message
객체를 생성할 때 생성자에 전달된 문자열

이 외에도 에러가 발생한 행 번호와 파일명 등 다른 프로퍼티들도 있을 수 있지만, 추가적인 프로퍼티들은 브라우저별로 일관성 없이 구현된 확장 기능이기 때문에 믿고 쓰기에는 무리가 있다.

사실 throw문은 어떤 객체와도 함께 사용할 수 있다. 즉 반드시 에러 생성자를 통해 객체를 생성해야 하는 것은 아니며 직접 정의한 객체를 던질 수도 있다. 이 객체는 'name'과 'message' 외에도 임의의 프로퍼티를 가질 수 있기 때문에 catch문에서 처리할 정보를 담아 전달하면 된다. 직접 에러 객체를 만든다면 얼마든지 창의력을 발휘하여 애플리케이션을 정상 상태로 복구시키는 데 활용하기 바란다.

```
try {
    // 에러를 발생시킨다.
    throw {
        name: "MyErrorType", // 임의의 에러 타입
        message: "oops",
        extra: "This was rather embarrassing",
        remedy: genericErrorHandler // 에러를 처리할 함수
    };
} catch (e) {
    // 사용자에게 공지한다.
    alert(e.message); // "oops"

    // 훌륭하게 에러를 처리한다
    e.remedy(); // genericErrorHandler() 호출
}
```

에러 생성자를 new 없이 일반 함수로 호출해도 new를 써서 생성자로 호출한 것과 동일하게 동작하여 에러 객체가 반환된다.

3.9 요약

이 장에서는 생성자 함수를 쓰는 것보다 간단한 대안이 될 수 있는 여러 가지 리터럴 패턴을 살펴보았다. 이 장에서 다룬 내용들을 다시 훑어보자.

- 객체 리터럴 표기법 - 이름-값 쌍을 쉼표로 분리하고 괄호로 감싸 객체를 만드는 품위있는 방법이다
- 생성자 함수 - 내장 생성자 함수와 사용자 정의 생성자를 살펴보았다. 내장 생성자의 경우, 대개는 대응하는 리터럴 표기법을 쓰는 것이 낫다.
- 생성자 함수가 항상 new와 함께 호출된 것처럼 동작하도록 보장하는 방법들을 살펴보았다.
- 배열 리터럴 표기법 - 대괄호 안에서 값 목록을 쉼표로 분리한다.

- JSON - 객체와 배열 표기법으로 이루어진 데이터 형식이다.

- 정규식 리터럴을 살펴보았다.

- String(), Number(), Boolean() 및 여러 가지 Error() 등 내장 생성자들은 사용을 자제하라.

일반적으로 Date() 생성자를 제외하면 내장 생성자를 쓸 일은 거의 없다. 다음 표는 내장 생성자들과 이에 대응하는 리터럴 패턴을 정리한 것이다.

내장 생성자(사용을 자제하라)	리터럴과 원시 데이터 타입 (권장안)
`var o = new Object();`	`var o = {};`
`var a = new Array();`	`var a = [];`

`var re = new RegExp(`
`    "[a-z]",`
`    "g"`
`);`
	`var re = /[a-z]/g;`

`var s = new String();`	`var s = "";`
`var n = new Number();`	`var n = 0;`
`var b = new Boolean();`	`var b = false;`

`throw new Error("uh-oh");`	`throw {`
	`    name: "Error",`
	`    message: "uh-oh"`
	`};`
	`... 또는`
	`throw Error("uh-oh");`

4장

J A V A S C R I P T   P A T T E R N S

함수

자바스크립트는 함수를 다양한 방법으로 사용한다. 따라서 함수를 완벽히 익히는 것은 자바스크립트 개발자에게 필수 기술이다. 다른 언어에서는 별도의 문법으로 처리하는 다양한 작업들을 자바스크립트에서는 함수가 수행한다.

이 장에서는 자바스크립트에서 함수를 정의하는 다양한 방법들과 함수 표현식 그리고 함수 선언문에 대해서 알아보고 지역 유효범위와 변수 호이스팅(hoisting)이 어떻게 동작하는지 살펴본다. 그리고 나서 함수에 더 나은 인터페이스를 제공하는 API, 전역 변수를 덜 사용하는 코드 초기화, 불필요한 작업을 회피해 성능에 도움을 주는 여러가지 패턴들에 대해 배운다.

이제 본격적으로 함수에 대해 파헤쳐보자. 먼저 중요한 기본사항들을 살펴보고 명확히 하자.

4.1 배경 지식

자바스크립트의 함수를 특별하게 만드는 두 가지 중요한 특징이 있다. 첫째, 함수는 일급(first-class) 객체다. 둘째, 함수는 유효범위(scope)를 제공한다.

함수는 다음과 같은 특징을 가지는 객체다.

- 런타임, 즉 프로그램 실행 중에 동적으로 생성할 수 있다.
- 변수에 할당할 수 있고, 다른 변수에 참조를 복사할 수 있으며, 확장가능하고,

몇몇 특별한 경우를 제외하면 삭제할 수 있다.

- 다른 함수의 인자로 전달할 수 있고, 다른 함수의 반환 값이 될 수 있다.
- 자기 자신의 프로퍼티와 메서드를 가질 수 있다.

따라서, 다음과 같은 상황도 가능하다. 함수 A가 객체로서 프로퍼티와 메서드를 가지고, 이 중 하나가 또다른 함수인 B이다. 이 함수 B는 C라는 함수를 인자로 받아들이고, 실행 결과로 또 다른 함수 D를 반환한다. 처음 봤을 때는 관리할 함수가 많다고 느낄 수 있다. 하지만 다양한 함수 응용 방법에 익숙해지면 함수가 제공하는 능력과 유연성 그리고 표현력의 진가를 인정하게 될 것이다.

일반적으로 말하자면 자바스크립트에서 함수는 하나의 객체라고 생각하면 된다. 다만 이 객체는 호출하여 실행할 수 있는 특별한 기능을 가지고 있다.

함수가 객체라는 사실은 다음과 같은 new Function() 생성자의 동작을 보면 명백해진다.

```
// 안티패턴
// 데모의 목적으로만 사용한다
var add = new Function('a, b', 'return a + b');
add(1, 2); // 3을 반환한다
```

이 코드에서 add()는 생성자를 통해 만들었기 때문에 객체라는 사실이 자명하다. 그러나 Function() 생성자의 사용은 eval()만큼이나 좋지 않은 방법이다. 코드가 문자열로 전달되어 평가되기 때문이다. 또한 따옴표를 이스케이프해야 하고 가독성을 높이기 위해 함수 본문을 들여쓰기하려면 별도로 신경써야하기 때문에 읽고 쓰기에 불편하다.

두 번째로 중요한 기능은 함수가 유효범위를 제공한다는 것이다. 자바스크립트에서는 중괄호({}) 지역 유효범위가 없다. 달리 말해서 블록이 유효범위를 만들지 않는다. 단지 함수 유효범위가 있을 뿐이다. 어떤 변수이건 함수 내에서 var로 정의되면 지역 변수이고 함수 밖에서는 참조할 수 없다. 중괄호가 지역 유효범위를 제공하지 않는다는 말은 변수를 if 조건문이나 for문, while문 내에서 var로 정의해도, 이 변수가 if나 for문의 지역 변수가 되지 않는다는 뜻이다. 이 변수는 해당 블록을 감싸는 함수가 있을 때만 지역 변수가 된다. 감싸는 함수가 없으면 전역 변수가 된다. 2장에서 다룬 것처럼 전역 변수를 최소화하는 것이 좋기 때문에 변수의 유효범위를 잘 관리하기 위해서 함수는 없어서는 안될 존재다.

용어 정리

패턴에 대해 이야기할 때 합의된 정확한 이름을 사용하는 것은 코드자체만큼이나 중요하다. 그러므로 함수를 정의하는 코드와 관련된 용어에 대해 잠깐 이야기해보자.

다음의 코드를 생각해보자.

```
// 기명 함수 표현식
var add = function add(a, b) {
    return a + b;
};
```

이 코드는 기명 함수 표현식(named function expression)을 사용한 함수를 보여준다.

이름을 생략한 함수 표현식을 무명 함수 표현식(unnamed function expression)이라고 한다. 그냥 간단하게 함수 표현식(function expression)이라고도 하며, 익명 함수(anonymous function)라는 말로도 널리 쓰인다. 예제는 다음과 같다.

```
// 함수 표현식 (또는 익명 함수)
var add = function (a, b) {
    return a + b;
};
```

따라서 '함수 표현식'이 더 넓은 의미의 용어이며, '기명 함수 표현식'은 함수 표현식 중 이름을 정의한 함수를 가리키는 구체적인 용어다.

기명 함수 표현식에서 두 번째 add를 생략하고 무명 함수 표현식으로 끝내도, 함수의 정의나 뒤이은 함수의 호출에 영향을 미치지 않는다. 유일한 차이점은 함수 객체의 name 프로퍼티가 빈 문자열이 된다는 것이다. name 프로퍼티는 ECMA 표준이 아니라 언어의 확장기능이지만 많은 실행 환경에서 폭넓게 사용된다. 두 번째 add를 그대로 유지한다면 add.name 프로퍼티는 문자열 "add"라는 값을 가지게 된다. name 프로퍼티는 파이어버그와 같은 디버거를 사용할 때, 그리고 함수 안에서 자기 자신을 재귀적으로 호출할 때 유용하다. 이런 용도로 쓸 게 아니라면 그냥 생략해도 된다.

마지막으로, 함수 선언문(function declaration)이 있다. 함수 선언문은 다른 언어들의 함수 사용과 비슷하다.

```
function foo() {
    // 함수 본문
}
```

문법적인 면에서, 함수 표현식의 결과를 변수에 할당하지 않을 경우 (이러한 사용법을 콜백 패턴이라고 한다. 이 장의 다음 부분에서 다룬다.) 기명 함수 표현식과 함수 선언문은 비슷해 보인다. 때로는 함수를 생성하는 문맥을 보지 않고서는 함수 선언문과 이름이 지정된 함수를 구분할 수 있는 방법이 없다. 이에 대한 내용은 다음 절에서 다룬다.

세미콜론이 붙는지 여부에 따라 그 둘의 문법적인 차이점이 있다. 함수 선언문에는 세미콜론이 필요하지 않지만 함수 표현식에는 필요하다. 세미콜론 삽입 장치가 자동으로 세미콜론을 붙여줄 수 있더라도, 항상 세미콜론을 직접 추가해야 한다.

> 함수 리터럴이라는 용어도 자주 사용된다. 이 용어는 함수 표현식을 뜻할 수도 있고, 기명 함수 표현식을 뜻할 수도 있다. 따라서, 이런 애매한 표현은 사용하지 않는 편이 낫다.

선언문 vs. 표현식: 이름과 호이스팅

그렇다면 함수 선언문과 함수 표현식 중 어떤 것을 사용해야 할까? 이 문제는 구문상 함수 선언문을 사용할 수 없는 경우를 생각하면 쉽게 풀린다. 함수 객체를 매개변수로 전달하거나, 객체 리터럴로 메서드를 정의하는 다음의 예제를 생각해보자.

```
// 함수 표현식을 callMe 함수의 인자로 전달한다.
callMe(function () {
    // 이 함수는 무명 함수(익명 함수) 표현식이다.
});

// 기명 함수 표현식을 callMe 함수의 인자로 전달한다.
callMe(function me() {
    // 이 함수는 "me"라는 기명 함수 표현식이다.
});

// 함수 표현식을 객체의 프로퍼티로 저장한다.
var myobject = {
    say: function () {
        // 이 함수는 함수 표현식이다.
    }
};
```

함수 선언문은 전역 유효범위나 다른 함수의 본문 내부, 즉 '프로그램 코드'에서만 쓸 수 있다. 변수나 프로퍼티에 할당할 수 없고, 함수 호출시 인자로 함수를 넘길 때도 사용할 수 없다. 그렇다면 언제 함수 선언문을 사용할 수 있을까? 다음 예제에서 함수 foo(), bar(), local()은 모두 함수 선언문 패턴으로 정의되었다.

```
// 전역 유효범위
function foo() {}
    function local() {
        // 지역 유효범위
        function bar() {}
        return bar;
}
```

함수의 name 프로퍼티

함수를 정의하는 패턴을 선택할 때는 읽기 전용인 name 프로퍼티를 쓸 일이 있는지도 고려해보아야 한다. 거듭 말하지만 name 프로퍼티는 표준이 아니지만 많은 실행 환경에서 사용가능하다. 함수 선언문과 기명 함수 표현식을 사용하면 name 프로퍼티가 정의된다. 반면 무명 함수 표현식의 name 프로퍼티 값은 경우에 따라 다르다. IE에서는 undefined가 되고, 파이어폭스(Firefox)와 웹킷(WebKit)에서는 빈 문자열로 정의된다.

```
function foo() {} // 함수 선언문
var bar = function () {}; // 함수 표현식
var baz = function baz() {}; // 기명 함수 표현식

foo.name; // "foo"
bar.name; // ""
baz.name; // "baz"
```

name 프로퍼티는 파이어버그나 다른 디버거에서 코드를 디버깅할 때 유용하다. 함수 내에서 발생한 에러를 보여주어야 할 때, 디버거가 name 프로퍼티 값을 확인하여 이름표로 쓸 수 있기 때문이다. name 프로퍼티는 함수 내부에서 자신을 재귀적으로 호출할 때 사용하기도 한다. 이 두 가지 경우에 해당하지 않는다면 무명 함

엄밀히 말하면, 기명 함수 표현식을 그와 다른 이름의 변수에 할당할 수 있다. 예를 들면 다음과 같다.

var foo = function bar() {};

하지만 어떤 브라우저(IE)에서는 이 사용법이 제대로 구현되어 있지 않기 때문에 추천하지는 않는다.

수 표현식이 더 쓰기 쉽고 간결하다.

함수 선언문보다 함수 표현식을 선호하는 이유는, 함수 표현식을 사용하면 함수가 다른 객체들과 마찬가지로 객체의 일종이며 어떤 특별한 언어 구성요소가 아니라는 사실이 좀더 드러나기 때문이다.

함수 호이스팅

앞선 논의를 보고 함수 선언문과 기명 함수 표현식의 동작 방식이 거의 동일하다고 결론지었을지도 모르겠다. 그러나 완전히 같지는 않다. 호이스팅(hoisting) 동작에 차이점이 있다.

 호이스팅이라는 용어는 ECMAScript에 정의되지는 않았지만 흔하게 사용되며 그 특성을 설명하기에 적절하다.

이미 알다시피 모든 변수는 함수 본문 어느 부분에서 선언(declaration)되더라도 내부적으로 함수의 맨 윗부분으로 끌어올려(hoist)진다. 함수 또한 결국 변수에 할당되는 객체이기 때문에 동일한 방식이 적용된다. 함수 선언문을 사용하면 변수 선언뿐 아니라 함수 정의(definition) 자체도 호이스팅되기 때문에 자칫 오류를 만들어내기 쉽다. 다음 코드를 살펴보자.

```
// 안티패턴
// 설명을 위해 사용하였다

// 전역 함수
function foo() {
    alert('global foo');
}
function bar() {
    alert('global bar');
}

function hoistMe() {

    console.log(typeof foo); // "function"
    console.log(typeof bar); // "undefined"

    foo(); // "local foo"
    bar(); // TypeError: bar is not a function
```

```
        // 함수 선언문:
        // 변수 'foo'와 정의된 함수 모두 호이스팅된다.
        function foo() {
            alert('local foo');
        }

        // 함수 표현식:
        // 변수 'bar'는 호이스팅 되지만 정의된 함수는 호이스팅되지 않는다.
        var bar = function () {
            alert('local bar');
        };
}
hoistMe();
```

보다시피, hostMe() 함수 내에서 foo와 bar를 정의하면, 실제 변수를 정의한 위치와 상관 없이 끌어올려져 전역 변수인 foo와 bar를 덮어쓰게 된다. 그런데 지역 변수 foo()는 나중에 정의되어도 상단으로 호이스팅되어 정상 동작하는 반면, bar()의 정의는 호이스팅되지 않고 선언문만 호이스팅된다. 때문에 bar()의 정의가 나오기 전까지는 undefined 상태이고, 따라서 함수로 사용할 수도 없다. 또한 선언문 자체는 호이스팅되었기 때문에 유효범위 체인 내에서 전역 bar()도 보이지 않는다.

이제 함수에 대해 필요한 배경지식과 용어는 마무리 짓고, 콜백 패턴을 시작으로 자바스크립트에서 활용할 수 있는 함수와 관련된 멋진 패턴들을 살펴보자. 다시 한번, 자바스크립트 함수의 두가지 특별한 기능을 기억하도록 하자:

- 함수는 객체다.
- 함수는 지역 유효범위를 제공한다.

4.2 콜백 패턴

함수는 객체다. 즉 함수를 다른 함수에 인자로 전달할 수 있다. introduceBugs() 함수를 writeCode() 함수의 인자로 전달하면, 아마도 writeCode()는 어느 시점에 introduceBugs()를 실행(또는 호출)할 것이다. 이 때 introduceBugs()를 콜백 함수 또는 간단하게 콜백이라고 부른다.

```
function writeCode(callback) {
    // 어떤 작업을 수행한다.
    callback();
    // ...
```

```
}
function introduceBugs() {
    // 버그를 만든다.
}
writeCode(introduceBugs);
```

introduceBugs()가 writeCode()의 인자로 괄호 없이 전달된 사실을 눈여겨 보자. 괄호를 붙이면 함수가 실행되는데 이 경우에는 함수의 참조만 전달하고 실행은 추후 적절한 시점에 writeCode()가 해줄 것이기 때문에 괄호를 덧붙이지 않았다.

콜백 예제

예제를 통해 살펴보자. 처음에는 콜백 없이 시작하여 나중에 리팩터링할 것이다. 복잡한 작업을 수행한 후 그 결과로 대용량 데이터셋을 반환하는 범용 함수가 있다고 하자. 이 함수는 findNodes()와 같은 형식으로 호출되며, DOM 트리를 탐색해 필요한 엘리먼트의 배열을 반환한다.

```
var findNodes = function () {
    var i = 100000, // 긴 루프
        nodes = [], // 결과를 저장할 배열
        found; // 노드 탐색 결과
    while (i) {
        i -= 1;
        // 이 부분에 복잡한 로직이 들어간다.
        nodes.push(found);
    }
    return nodes;
};
```

이 함수는 범용으로 쓸 수 있도록 실제 엘리먼트에는 어떤 작업도 하지 않고 단지 DOM 노드의 배열을 반환하기만 하도록 유지하는 게 좋다. 노드를 수정하는 로직은 다른 함수에 두자. 예를 들어 hide()라는 함수를 만들자. 이 함수는 이름에서 짐작할 수 있듯이 페이지에서 노드를 숨긴다.

```
var hide = function (nodes) {
    var i = 0, max = nodes.length;
    for (; i < max; i += 1) {
        nodes[i].style.display = "none";
    }
};

// 함수를 실행한다.
hide(findNodes());
```

이 구현은 fineNodes()에서 반환된 노드의 배열에 대해 hide()가 다시 루프를 돌아야하기 때문에 비효율적이다. findNodes()에서 노드를 선택하고 바로 숨긴다면 재차 루프를 돌지 않아 더 효율적일 것이다. 그렇지만 findNodes()안에서 노드를 숨기는 로직을 구현하면 탐색과 수정 로직의 결합으로 인해 범용 함수의 의미가 퇴색될 것이다. 바로 이럴 때 콜백 패턴을 사용할 수 있다. 노드를 숨기는 로직의 실행을 콜백 함수에 위임하고 이 함수를 findNodes()에 전달한다.

```
// findNodes()가 콜백을 받도록 리팩터링한다.
var findNodes = function (callback) {
    var i = 100000,
        nodes = [],
        found;

    // 콜백 함수를 호출할 수 있는지 확인한다.
    if (typeof callback !== "function") {
        callback = false;
    }

    while (i) {
        i -= 1;
        // 이곳에 복잡한 로직을 구현한다.

        // 여기서 콜백을 실행한다.
        if (callback) {
            callback(found);
        }

        nodes.push(found);
    }
    return nodes;
};
```

이 구현 방법은 직관적이다. findNodes()에는, 콜백 함수가 추가되었는지 확인하고, 있으면 실행하는 작업 하나만 추가되었다. 콜백은 생략할 수 있기 때문에 리팩터링된 findNodes()는 여전히 이전과 동일하게 사용할 수 있고, 기존 API에 의존하는 코드를 망가뜨리지 않는다.

hide()의 구현은 노드들을 순회할 필요가 없어져 더 간단해졌다.

```
// 콜백 함수
var hide = function (node) {
    node.style.display = "none";
};

// 노드를 찾아서 바로 숨긴다.
findNodes(hide);
```

이 예제에서 보다시피 이미 존재하는 함수를 콜백 함수로 쓸 수도 있지만, findNodes() 함수를 호출할 때 익명 함수를 생성해서 쓸 수도 있다. 예를 들어, 동일한 범용의 findNodes() 함수를 사용해 노드를 보여주는 방법은 아래와 같다.

```javascript
// 익명 함수를 콜백으로 전달한다.
findNodes(function (node) {
    node.style.display = "block";
});
```

콜백과 유효범위

이전의 예제에서, 콜백은 다음과 같은 형태로 실행되었다.

```javascript
callback(parameters);
```

이 코드는 간단하고 대부분의 경우 충분히 훌륭하게 동작한다. 그러나 콜백이 일회성의 익명 함수나 전역 함수가 아니고 객체의 메서드인 경우도 많다. 만약 콜백메서드가 자신이 속해있는 객체를 참조하기 위해 this를 사용하면 예상치 않게 동작할 수도 있다.

myapp이라는 객체의 메서드인 paint() 함수를 콜백으로 사용한다고 가정해보자.

```javascript
var myapp = {};
myapp.color = "green";
myapp.paint = function (node) {
    node.style.color = this.color;
};
```

findNodes() 함수는 이런 식으로 동작한다.

```javascript
var findNodes = function (callback) {
    // ...
    if (typeof callback === "function") {
        callback(found);
    }
    // ...
};
```

findNodes(myapp.paint)를 호출하면 this.color가 정의되지 않아 예상대로 동작하지 않는다. findNodes()가 함수로 호출됐으므로 객체 this는 전역 객체를 참조한다. findNodes()가 (dom.findNodes()처럼) dom이라는 객체의 메서드로 정의됐다면, 콜백 내부의 this는 예상과는 달리 myapp이 아닌 dom을 참조하게 된다.

이 문제를 해결하기 위해서는 콜백 함수와 함께 콜백이 속해 있는 객체를 전달하면 된다.

```
findNodes(myapp.paint, myapp);
```

전달받은 객체를 바인딩하도록 findNodes() 또한 수정한다.

```
var findNodes = function (callback, callback_obj) {
    //...
    if (typeof callback === "function") {
        callback.call(callback_obj, found);
    }
    // ...
};
```

이후의 장에서 바인딩에 관한 내용과 call()과 apply()를 사용하는 방법에 대해서 더 자세히 알아볼 것이다.

콜백으로 사용될 메서드와 객체를 전달할 때, 메서드를 문자열로 전달할 수도 있다. 이렇게 하면 객체를 두 번 반복하지 않아도 된다. 다시 말해서 다음 명령을

```
findNodes(myapp.paint, myapp);
```

다음과 같이 바꿀 수 있다.

```
findNodes("paint", myapp);
```

이 두 가지 방법에 모두 대응하는 findNodes()를 다음과 같이 정의할 수 있다.

```
var findNodes = function (callback, callback_obj) {

    if (typeof callback === "string") {
        callback = callback_obj[callback];
    }

    //...
    if (typeof callback === "function") {
        callback.call(callback_obj, found);
    }
    // ...
};
```

비동기 이벤트 리스너

콜백 패턴은 일상적으로 다양하게 사용된다. 예를 들어 페이지의 엘리먼트에 이벤트 리스너를 붙이는 것도, 실제로는 이벤트가 발생했을 때 호출될 콜백 함수의 포인터

를 전달하는 것이다. 다음은 document의 click 이벤트 리스너로 console.log() 콜
백 함수를 전달하는 예제다.

```
document.addEventListener("click", console.log, false);
```

대부분의 클라이언트 측 브라우저 프로그래밍은 이벤트 구동(event-driven)방식
이다. 페이지의 로딩이 끝나면 load 이벤트를 발생시킨다. 사용자는 페이지에 click,
keypress, mouseover, mousemove와 같은 다양한 이벤트를 발생시킨다. 자바스
크립트가 이벤트 구동형 프로그래밍에 특히 적합한 이유는 프로그램이 비동기적으
로, 달리 말하면 무작위로 동작할 수 있게 하는 콜백 패턴 덕분이다.

'저희에게 연락하지 마십시오. 저희가 연락드리겠습니다(Dont'call us, we'll call
you).'라는 말은 할리우드에서 영화 배역 하나의 오디션에 수많은 지원자가 몰릴 때
사용하는 유명한 표현이다. 캐스팅 감독이 지원자들의 끊이지 않는 전화에 일일이
응답하기란 불가능하다. 비동기 이벤트 구동형 방식인 자바스크립트에서도 비슷한
현상이 있다. 전화번호를 주는 대신에 필요할 때 호출할 콜백 함수를 제공하는 게
다를 뿐이다. 어떤 이벤트는 영영 발생하지 않을 수도 있기 때문에 때로는 콜백 함
수가 필요 이상으로 많을 수도 있다. 예를 들어 사용자가 '바로구매' 버튼을 절대로
클릭하지 않는다면 신용카드 번호 형식의 유효성을 검사하는 함수는 끝내 호출되
지 않을 것이다.

타임아웃

또 다른 콜백 패턴의 실전 예제는 브라우저의 window 객체에 의해 제공되는 타임아
웃 메서드들인 setTimeout()과 setInterval()이다. 이 메서드들도 콜백 함수를 받아
서 실행시킨다.

```
var thePlotThickens = function () {
    console.log('500ms later...');
};
setTimeout(thePlotThickens, 500);
```

thePlotThickens가 괄호 없이 변수로 전달된 점에 주의하라. 여기서는 이 함수를
곧바로 실행하지 않고 setTimeout()이 나중에 호출할 수 있도록 함수를 가리키는
포인터만을 전달하고 있다. 함수 포인터 대신 문자열 "thePlotThickens()"를 전달

하는 것은 eval()과 비슷한 흔한 안티패턴이다.

라이브러리에서의 콜백

콜백은 라이브러리를 설계할 때 유용한 간단하고 강력한 패턴이다. 소프트웨어 라이브러리에 들어갈 코드는 가능한 범용적이고 재사용할 수 있어야 한다. 콜백은 이런 일반화에 도움이 될 수 있다. 생각할 수 있는 모든 기능을 예측하고 구현할 필요는 없다. 이는 라이브러리를 쓸데 없이 부풀릴 뿐이고 대부분의 사용자는 그런 커다란 기능들의 덩어리를 절대 필요로 하지 않기 때문이다. 대신에 핵심 기능에 집중하고 콜백의 형태로 '연결고리(hook)'를 제공하라. 콜백 함수를 활용하면 조금 더 쉽게 라이브러리 메서드를 만들고 확장하고 가다듬을 수 있다.

4.3 함수 반환하기

함수는 객체이기 때문에 반환 값으로 사용될 수 있다. 즉 함수의 실행 결과로 꼭 어떤 데이터 값이나 배열을 반환할 필요는 없다는 뜻이다. 보다 특화된 함수를 반환할 수도 있고, 입력 값에 따라 필요한 함수를 새로 만들어낼 수도 있다.

간단한 예제를 살펴보자. 이 함수는 일회적인 초기화 작업을 수행한 후 반환 값을 만든다. 반환 값은 실행 가능한 함수다.

```
var setup = function () {
    alert(1);
    return function () {
        alert(2);
    };
};

// setup 함수를 사용
var my = setup(); // alert으로 1이 출력된다.
my(); // alert으로 2가 출력된다.
```

setup()은 반환된 함수를 감싸고 있기 때문에 클로저를 생성한다. 클로저는 반환되는 함수에서는 접근할 수 있지만 코드 외부에서는 접근할 수 없기 때문에, 비공개 데이터 저장을 위해 사용할 수 있다. 매번 호출할 때마다 값을 증가시키는 카운터(counter)를 예제로 들 수 있다.

```
var setup = function () {
```

```
        var count = 0;
        return function () {
            return (count += 1);
        };
    };

    // 사용 방법
    var next = setup();
    next(); // 1을 반환한다
    next(); // 2를 반환한다
    next(); // 3을 반환한다
```

4.4 자기 자신을 정의하는 함수

함수는 동적으로 정의할 수 있고 변수에 할당할 수 있다. 새로운 함수를 만들어 이미 다른 함수를 가지고 있는 변수에 할당한다면, 새로운 함수가 이전 함수를 덮어쓰게 된다. 어떤 면에서는 이전의 함수 포인터가 새로운 함수를 가리키도록 재사용하는 것이다. 이런 일을 이전 함수의 본문 내에서 할 수도 있다. 이 경우 함수는 자기 자신을 새로운 구현으로 덮어쓰고 재정의한다. 아마도 실제보다 더 복잡하게 들릴 텐데 간단한 예제를 통해 살펴보도록 하자.

```
var scareMe = function () {
    alert("Boo!");
    scareMe = function () {
        alert("Double boo!");
    };
};

// 자기 자신을 정의하는 함수를 사용
scareMe(); // Boo!
scareMe(); // Double boo!
```

이 패턴은 함수가 어떤 초기화 준비 작업을 단 한 번만 수행할 경우에 유용하다. 불필요한 작업을 반복할 이유가 없기 때문에 함수의 일부는 더 이상 쓸모가 없다. 이런 경우, 함수가 자기 자신을 재정의하여 구현 내용을 갱신할 수 있다.

간단히 말해서 재정의된 함수의 작업량이 적기 때문에 이 패턴은 애플리케이션 성

 이 패턴은 '게으른 함수 선언'(lazy function definition)이라고도 불리는데 그 이유는 최초 사용 시점 전까지 함수를 완전히 정의하지 않고 있다가 호출된 이후에는 더 게을러져서 더 적게 일하기 때문이다.

능에 확실히 도움이 된다.

　이 패턴의 단점은 자기 자신을 재정의한 이후에는 이전에 원본 함수에 추가했던 프로퍼티들을 모두 찾을 수 없게 된다는 점이다. 또한 함수가 다른 이름으로 사용된다면, 예를 들어 다른 변수에 할당되거나, 객체의 메서드로써 사용되면 재정의된 부분이 아니라 원본 함수의 본문이 실행된다.

　scareMe() 함수를 다음과 같이 일급 객체로 사용하는 예를 살펴보자.

1. 새로운 프로퍼티가 추가된다.
2. 함수 객체가 새로운 변수에 할당된다.
3. 함수는 메서드로써도 사용된다.

```
// 1. 새로운 프로퍼티를 추가한다.
scareMe.property = "properly";

// 2. 다른 이름으로 할당한다.
var prank = scareMe;

// 3. 메서드로 사용한다.
var spooky = {
    boo: scareMe
};

// 새로운 이름으로 호출한다.
prank(); // "Boo!"
prank(); // "Boo!"
console.log(prank.property); // "properly"

// 메서드로 호출한다.
spooky.boo(); // "Boo!"
spooky.boo(); // "Boo!"
console.log(spooky.boo.property); // "properly"

// 자기 자신을 재정의한 함수를 사용한다.
scareMe(); // Double boo!
scareMe(); // Double boo!
console.log(scareMe.property); // undefined
```

　예제에서 보는 것처럼, 함수가 새로운 변수에 할당되면 예상과 달리 자기 자신을 정의하지 않는다. prank()가 호출될 때마다 알림으로 "Boo!"가 출력된다. 또한 전역 scareMe() 함수를 덮어썼는데도 prank() 자신은 여전히 property 프로퍼티를 포함한 이전의 정의를 참조한다. spooky 객체의 boo() 메서드로 함수가 사용될 때에도 똑같은 일이 일어난다. 이 모든 호출들은 계속해서 전역 scareMe() 포인터를 덮어 쓴다. 따라서 마지막에 전역 scareMe()가 호출되었을 때 비로소, "Double boo"를 출력하도록 갱신된 본문이 처음으로 제대로 실행된다. 또한 scareMe. property도 더이상 참조할 수 없게 된다.

4.5 즉시 실행 함수

즉시 실행 함수 패턴은 함수가 선언되자마자 실행되도록 하는 문법이다. 다음 예제를 보자.

```
(function () {
    alert('watch out!');
}());
```

이 패턴은 사실상 (기명이든 무명이든) 함수 표현식을, 생성한 직후 실행시킨다. 즉시 실행 함수라는 용어는 ECMAScript 표준에서 정의된 용어가 아니지만, 짧고 간단하며 이 패턴을 설명하고 논의하는 데 유용하다.

즉시 실행 함수 패턴은 다음의 부분들로 구성된다.

- 함수를 함수 표현식으로 선언한다. (함수 선언문으로는 동작하지 않는다.)
- 함수가 즉시 실행될 수 있도록 마지막에 괄호쌍을 추가한다.
- 전체 함수를 괄호로 감싼다. (함수를 변수에 할당하지 않을 경우에만 필요하다.)

다음의 대체 문법 또한 일반적으로 사용되지만 JSLint는 처음의 패턴을 선호한다. 닫는 괄호의 위치에 주의하라.

```
(function () {
    alert('watch out!');
})();
```

이 패턴은 초기화 코드에 유효범위 샌드박스(sandbox)를 제공한다는 점에서 유용하다. 다음의 일반적인 시나리오를 생각해보자. 페이지 로드가 완료된 후, 이벤트 핸들러를 등록하거나 객체를 생성하는 등의 초기 설정 작업을 해야 한다. 이 모든 작업은 단 한 번만 실행되기 때문에 재사용하기위해 이름이 지정된 함수를 생성할 필요가 없다. 하지만 한편으로는 초기화 단계가 완료될 때까지만 사용할 임시 변수들이 필요하다. 이 모든 변수를 전역으로 생성하는 것은 좋지 않은 생각이다. 이럴 때 즉시 실행 함수가 필요하다. 즉시 실행 함수는 모든 코드를 지역 유효범위로 감싸고 어떤 변수도 전역 유효범위로 새어나가지 않게 한다.

```
(function () {

    var days = ['Sun', 'Mon', 'Tue', 'Wed', 'Thu', 'Fri', 'Sat'],
        today = new Date(),
        msg = 'Today is ' + days[today.getDay()]
            + ', ' + today.getDate();

    alert(msg);

}()); // "Today is Fri, 13"
```

만약 이 코드가 즉시 실행 함수로 감싸져 있지 않았다면 days, today, msg 변수는 전역 변수가 되어 초기화 코드 이후에도 남아 있게 될 것이다.

즉시 실행 함수의 매개변수

즉시 실행 함수에 인자를 전달할 수도 있다. 다음 예제를 보자.

```
// 출력 결과:
// I met Joe Black on Fri Aug 13 2010 23:26:59 GMT-0800 (PST)

(function (who, when) {

    console.log("I met " + who + " on " + when);

}("Joe Black", new Date()));
```

일반적으로 전역 객체가 즉시 실행 함수의 인자로 전달된다. 따라서 즉시 실행 함수 내에서 window를 사용하지 않고도 전역 객체에 접근할 수 있다. 이러한 방법을 통해 브라우저 외의 실행 환경에서도 코드를 공통으로 사용할 수 있다.

```
(function (global) {

    // 전역 객체를 'global'로 참조

}(this));
```

일반적으로는 즉시 실행 함수에 대한 인자를 너무 많이 전달하지 않는 것이 좋다.

코드의 동작을 이해하려고 계속해서 코드의 맨 윗부분과 아랫부분 사이를 오가며 스크롤하기가 부담스럽기 때문이다.

즉시 실행 함수의 반환 값

다른 함수와 비슷하게, 즉시 실행 함수도 값을 반환할 수 있고 반환된 값은 변수에 할당될 수 있다.

```
var result = (function () {
    return 2 + 2;
}());
```

감싸고 있는 괄호를 생략해서 같은 동작을 구현할 수 있다. 즉시 실행 함수의 반환 값을 변수에 할당할 때는 괄호가 필요 없기 때문이다. 첫 번째 괄호쌍을 생략하면 다음과 같은 형태가 된다.

```
var result = function () {
    return 2 + 2;
}();
```

이 문법이 더 간단하지만 약간 오해의 소지가 있다. 누군가 코드를 읽을 때 마지막의 ()를 눈여겨보지 못한다면 이 구문의 결과가 함수를 참조한다고 생각할 수 있다. 사실 결과 값은 즉시 실행 함수의 반환 값, 즉 이 경우에는 숫자 4를 참조한다.

동일한 결과를 갖는 또 다른 문법은 다음과 같다.

```
var result = (function () {
    return 2 + 2;
})();
```

이 예제는 즉시 실행 함수의 실행 결과로 원시 데이터 타입인 정수 값을 반환한다. 원시 데이터 값 외에도 모든 타입의 값이 가능하고, 새로운 함수를 반환할 수도 있다. 이 경우 즉시 실행 함수의 유효범위를 사용해 특정 데이터를 비공개 상태로 저장하고, 반환되는 내부 함수에서만 접근하도록 할 수도 있다.

다음 예제를 보면, 즉시 실행 함수가 함수를 반환하고 이 반환 값이 getResult라는 변수에 할당된다. 이 함수는 즉시 실행 함수에서 미리 계산하여 클로저에 저장해 둔 res라는 값을 반환한다.

```
var getResult = (function () {
    var res = 2 + 2;
    return function () {
        return res;
    };
}());
```

즉시 실행 함수는 객체 프로퍼티를 정의할 때에도 사용할 수 있다. 어떤 객체의 프로퍼티가 객체의 생명주기 동안에는 값이 변하지 않고, 처음에 값을 정의할 때는 적절한 계산을 위한 작업이 필요하다고 가정해보자. 그렇다면 이 작업을 즉시 실행 함수로 감싼 후, 즉시 실행 함수의 반환 값을 프로퍼티 값으로 할당하면 된다. 다음의 코드 예제를 살펴보자.

```
var o = {
    message: (function () {
        var who = "me",
            what = "call";
        return what + " " + who;
    }()),
    getMsg: function () {
        return this.message;
    }
};
// 사용 방법
o.getMsg(); // "call me"
o.message; // "call me"
```

이 예제에서, o.message는 함수가 아닌 문자열 프로퍼티이지만 값을 정의하려면 함수가 필요하다. 이 함수는 스크립트가 로딩될 때 실행되어 프로퍼티를 정의한다.

장점과 사용 방법

즉시 실행 함수 패턴은 폭넓게 사용된다. 전역 변수를 남기지 않고 상당량의 작업을 할 수 있게 해준다. 선언된 모든 변수는 스스로를 호출하는(self-invoking) 함수의 지역 변수가 되기 때문에 임시 변수가 전역 공간을 어지럽힐까봐 걱정하지 않아도 된다.

즉시 실행 함수 패턴은 다른 말로 자기 호출(self-invoking) 또는 자기 실행(self-excuting) 함수라고도 부른다. 그 이유는 함수 자신이 선언됨과 동시에 실행되기 때문이다.

이 패턴은 북마클릿(bookmarklet)에서도 자주 쓰인다. 북마클릿은 어떤 페이지에서도 실행될 수 있고 전역 네임스페이스를 깨끗하게 유지하면서 무간섭적인 상태로 유지하는 것이 매우 중요하기 때문이다.

즉시 실행 함수 패턴을 사용해 개별 기능을 독자적인 모듈로 감쌀 수도 있다. 페이지가 정적이고 자바스크립트 없이도 잘 동작한다고 상상해보자. 점진적인 개선의 측면에서 약간의 코드를 추가해 페이지에 어느 정도 기능을 추가하려고 한다. 이 코드(또는 모듈이나 기능)를 즉시 실행 함수로 감싸고 페이지에 추가된 코드가 있을 때와 없을 때 잘 동작하는지 확인한다. 그리고 나서 더 많은 개선 사항을 추가하거나 제거할 수도 있고 개별로 테스트할 수도 있으며, 사용자가 비활성화할 수 있게 하는 등의 작업을 할 수 있다.

다음 템플릿을 활용하면 기능을 단위별로 정의할 수 있다. 이것을 module1이라고 부르자.

```
// module1.js에서 정의한 module1
(function () {

    // 모든 module1 코드 ...

}());
```

이 템플릿을 따라 또 다른 모듈도 코딩할 수 있다. 그리고 실제 사이트에 코드를 올릴 때, 어떤 기능이 사용될 준비가 되었는지 결정하고 빌드 스크립트를 사용해 해당하는 파일들을 병합하면 된다.

4.6 즉시 객체 초기화

전역 유효범위가 난잡해지지 않도록 보호하는 또 다른 방법을 앞서 설명한 즉시 실행 함수 패턴과 비슷한 즉시 객체 초기화 패턴이다. 이 패턴은 객체가 생성된 즉시 init() 메서드를 실행해 객체를 사용한다. init() 함수는 모든 초기화 작업을 처리한다.

즉시 객체 초기화 패턴의 예제를 살펴보자.

```
({
    // 여기에 설정 값(설정 상수)들을 정의할 수 있다.
    maxwidth: 600,
```

```
        maxheight: 400,

        // 유틸리티 메서드 또한 정의할 수 있다.
        gimmeMax: function () {
            return this.maxwidth + "x" + this.maxheight;
        },

        // 초기화
        init: function () {
            console.log(this.gimmeMax());
            // 더 많은 초기화 작업들...
        }
    }).init();
```

문법적인 면에서 이 패턴은 객체 리터럴을 사용한 일반적인 객체 생성과 똑같이 생각하면 된다. 객체 리터럴도 괄호(그룹 연산자)로 감싸는데, 이는 자바스크립트 엔진이 중괄호를 코드 블록이 아니라 객체 리터럴로 인식하도록 지시하는 역할을 한다. 그런 다음 닫는 괄호에 이어 init() 메서드를 즉시 호출한다.

객체만 괄호로 감싸는 게 아니라 객체와 init() 호출 전체를 괄호 안에 넣을 수도 있다. 다시 말해서 다음과 같이 두 가지로 표현할 수 있다.

```
({...}).init();
({...}.init());
```

이 패턴의 장점은 즉시 실행 함수 패턴의 장점과 동일하다. 단 한 번의 초기화 작업을 실행하는 동안 전역 네임스페이스를 보호할 수 있다. 코드를 익명 함수로 감싸는 것과 비교하면 이 패턴은 문법적으로 신경써야 할 부분이 좀더 많은 것처럼 보일 수도 있다. 그러나 초기화 작업이 더 복잡하다면(실제로 자주 그렇다) 전체 초기화 절차를 구조화하는 데 도움이 된다. 예를 들어 비공개 도우미 함수들을 임시 객체의 프로퍼티로 정의하면, 즉시 실행 함수를 여기저기 흩어 놓고 쓰는 것보다 훨씬 구분하기 쉽다.

이 패턴의 단점은 대부분의 자바스크립트 압축 도구가 즉시 실행 함수 패턴에 비해 효과적으로 압축하지 못할 수 있다는 것이다. 비공개 프로퍼티와 메서드의 이름은 더 짧게 변경되지 않는데 압축 도구의 관점에서는 그런 방식이 안전하기 때문이다. 책을 쓰는 시점에, 구글의 클로저 컴파일러의 고급(advanced) 모드만이 즉시 초기화되는 객체의 프로퍼티명을 단축시켜준다. 앞의 예제를 압축하면 다음과 같은 형태가 된다.

```
({d:600,c:400,a:function(){return this.d+"x"+this.c},b:function()
{console.log(this.a())}}).b();
```

 이 패턴은 주로 일회성 작업에 적합하다. init()이 완료되고 나면 객체에 접근할 수 없다. init()이 완료된 이후에도 객체의 참조를 유지하고 싶다면 init()의 마지막에 return this;를 추가하면 된다.

4.7 초기화 시점의 분기

초기화 시점의 분기(로드타임 분기)는 최적화 패턴이다. 어떤 조건이 프로그램의 생명주기 동안 변경되지 않는 게 확실할 경우, 조건을 단 한 번만 확인하는 것이 바람직하다. 브라우저 탐지(또는 기능 탐지)가 전형적인 예다.

예를 들어, XMLHttpRequest가 내장 객체로 지원되는 걸 확인했다면, 프로그램 실행 중에 브라우저가 바뀌어 난데없이 ActiveX 객체를 다루게 될 리는 없다. 실행 환경은 변하지 않기 때문에, 코드가 XHR 객체를 지원하는지 매번 다시 확인할 필요가 없다. (확인한다 해도 결과는 같을 것이다.)

DOM 엘리먼트의 계산된 스타일을 확인하거나 이벤트 핸들러를 붙이는 작업도 초기화 시점 분기 패턴의 이점을 살릴 수 있는 또 다른 후보들이다. 대부분의 개발자는, 클라이언트 측 프로그래밍을 하는 동안 적어도 한 번은, 이벤트 리스너를 등록하고 해제하는 메서드를 가지는 다음과 같은 유틸리티를 작성해 보았을 것이다.

```
// 변경 이전
var utils = {
    addListener: function (el, type, fn) {
        if (window.addEventListener) {
            el.addEventListener(type, fn, false);
        } else if (document.attachEvent) { // IE
            el.attachEvent('on' + type, fn);
        } else { // 구형의 브라우저
            el['on' + type] = fn;
        }
    },
    removeListener: function (el, type, fn) {
        // 거의 동일한 코드...
    }
};
```

이 코드는 약간 비효율적이다. utils.addListener()나 utils.removeListener()를 호출할 때마다 똑같은 확인 작업이 반복해서 실행된다.

초기화 시점 분기를 이용하면, 처음 스크립트를 로딩하는 동안에 브라우저 기능을 한 번만 확인한다. 확인과 동시에 함수가 페이지의 생명주기 동안 어떻게 동작할지를 재정의한다. 다음은 초기화 시점 분기에 대한 접근법을 보여주는 예제다.

```
// 변경 이후

// 인터페이스
var utils = {
    addListener: null,
    removeListener: null
};

// 구현
if (window.addEventListener) {
    utils.addListener = function (el, type, fn) {
        el.addEventListener(type, fn, false);
    };
    utils.removeListener = function (el, type, fn) {
        el.removeEventListener(type, fn, false);
    };
} else if (document.attachEvent) { // IE
    utils.addListener = function (el, type, fn) {
        el.attachEvent('on' + type, fn);
    };
    utils.removeListener = function (el, type, fn) {
        el.detachEvent('on' + type, fn);
    };
} else { // 구형 브라우저
    utils.addListener = function (el, type, fn) {
        el['on' + type] = fn;
    };
    utils.removeListener = function (el, type, fn) {
        el['on' + type] = null;
    };
}
```

브라우저 탐지에 대해 전하고 싶은 주의사항이 있다. 이 패턴을 사용할 때 브라우저의 기능을 섣불리 가정하지 말아야 한다. 예를 들어, 브라우저가 window.addEventListener를 지원하지 않는다고 해서 이 브라우저가 IE이고 XMLHttpRequest도 지원하지 않을 거라고 가정해서는 안 된다는 얘기다. 브라우저의 역사를 놓고 보면 이게 맞는 말인 때도 있었다. 그렇지만 어떤 버전에서는 네이티브로 지원했으나 현재는 지원하지 않을 수도 있다. .addEventListener와

.removeEventListerner와 같이 여러 기능이 함께 지원되는지를 확인하여 더 안전하게 가정하는 방법도 있지만, 일반적으로 브라우저의 기능은 독립적으로 변한다. 가장 좋은 전략은 초기화 시점의 분기를 사용해 기능을 개별적으로 탐지하는 것이다.

4.8 함수 프로퍼티 – 메모이제이션(Memoization) 패턴

함수는 객체이기 때문에 프로퍼티를 가질 수 있다. 사실 함수는 처음부터(생성될 때부터) 프로퍼티와 메서드를 가지고 있다. 예를 들어, 각 함수는 어떤 문법으로 생성하든 자동으로 length 프로퍼티를 갖는다. 이 프로퍼티는 함수가 받는 인자의 개수를 값으로 가진다.

```
function func(a, b, c) {}
console.log(func.length); // 3
```

언제든지 함수에 사용자 정의 프로퍼티를 추가할 수 있다. 함수에 프로퍼티를 추가하여 결과(반환 값)를 캐시하면 다음 호출 시점에 복잡한 연산을 반복하지 않을 수 있다. 이런 활용 방법을 메모이제이션 패턴이라고 한다.

다음 예제에서는 myFunc 함수에 cache 프로퍼티를 생성한다. 이 프로퍼티는 일반적인 프로퍼티처럼 mFunc.cache와 같은 형태로 접근할 수 있다. cache 프로퍼티는 함수로 전달된 param 매개변수를 키로 사용하고 계산의 결과를 값으로 가지는 객체(해시)다. 결과 값은 필요에 따라 복잡한 데이터 구조로 저장할 수도 있다.

```
var myFunc = function (param) {
    if (!myFunc.cache[param]) {
        var result = {};
        // ... 비용이 많이 드는 수행 ...
        myFunc.cache[param] = result;
    }
    return myFunc.cache[param];
};

// 캐시 저장공간
myFunc.cache = {};
```

위 코드는 myFunc 함수가 param이라는 단 하나의 매개변수를 받는다고 가정한다. 이 매개변수는 문자열과 같은 원시 데이터 타입이라고 가정한다. 만약 더 많은 매개변수와 더 복잡한 타입을 갖는다면 일반적으로 직렬화하여 해결할 수 있다.

예를 들어, 객체 인자를 JSON 문자열로 직렬화하고 이 문자열을 cache 객체에 키로 사용할 수 있다.

```
var myFunc = function () {

    var cachekey = JSON.stringify(
        Array.prototype.slice.call(arguments)), result;

    if (!myFunc.cache[cachekey]) {
        result = {};
        // ... 비용이 많이 드는 수행 ...
        myFunc.cache[cachekey] = result;
    }
    return myFunc.cache[cachekey];
};

// 캐시 저장공간
myFunc.cache = {};
```

직렬화하면 객체를 식별할 수 없게 되는 것을 주의하라. 만약 같은 프로퍼티를 가지는 두 개의 다른 객체를 직렬화하면, 이 두 객체는 같은 캐시 항목을 공유하게 될 것이다.

이 함수를 작성하는 다른 방법으로 함수 이름을 하드코딩하는 대신 arguments. callee를 사용해 함수를 참조할 수 있다. 비록 지금은 사용할 수 있지만, arguments. callee는 ECMAScript 5 스트릭트 모드에서 허용되지 않는다는 사실을 명심하라.

```
var myFunc = function (param) {

    var f = arguments.callee,
        result;

    if (!f.cache[param]) {
        result = {};
        // ... 비용이 많이 드는 수행 ...
        f.cache[param] = result;
    }
    return f.cache[param];
};

// 캐시 저장공간
myFunc.cache = {};
```

4.9 설정 객체 패턴

설정 객체 패턴은 좀더 깨끗한 API를 제공하는 방법이다. 라이브러리나 다른 프로그램에서 사용할 코드를 만들 때 특히 유용하다.

소프트웨어를 개발하고 유지보수하는 과정에서 요구사항이 변경되는 것은 어쩔 수 없는 현실이다. 요구사항을 결정 짓고 일을 시작했어도 나중에 더 많은 기능이 추가되는 상황이 자주 발생한다.

addPerson()이라는 함수를 작성한다고 가정해보자. 이 함수는 이름과 성을 전달받아 목록에 사람을 추가한다.

```
function addPerson(first, last) {...}
```

실제로는 생일도 저장해야 하고, 성별과 주소도 선택적으로 저장할 필요가 있다는 것을 나중에 알게 되었다. 따라서 함수를 변경하여 새로운 매개변수를 추가했다. (선택적인 매개변수는 의도적으로 마지막에 위치시켰다.)

```
function addPerson(first, last, dob, gender, address) {...}
```

이 시점에서 이미 함수는 조금 길어지고 있다. 그런데 이때 username 또한 선택사항이 아닌, 반드시 필수로 저장해야 한다는 사실을 알게 되었다. 이제 함수를 호출할 때는 선택적인 매개변수도 전달해야 하며, 매개변수의 순서가 뒤섞이지 않게 주의해야 한다.

```
addPerson("Bruce", "Wayne", new Date(), null, null, "batman");
```

많은 수의 매개변수를 전달하기는 불편하다. 모든 매개변수를 하나의 객체로 만들어 대신 전달하는 방법이 더 낫다. 이 객체를 설정(configuration)을 뜻하는 conf라고 지정하자.

```
addPerson(conf);
```

그러면 함수의 사용자는 다음과 같이 conf를 선언할 수 있다.

```
var conf = {
    username: "batman",
    first: "Bruce",
    last: "Wayne"
};
```

```
addPerson(conf);
```

설정 객체의 장점은 다음과 같다.

- 매개변수와 순서를 기억할 필요가 없다.
- 선택적인 매개변수를 안전하게 생략할 수 있다.
- 읽기 쉽고 유지보수하기 편하다.
- 매개변수를 추가하거나 제거하기가 편하다.

설정 객체의 단점은 다음과 같다.

- 매개변수의 이름을 기억해야 한다.
- 프로퍼티 이름은 압축되지 않는다.

이 패턴은 함수가 DOM 엘리먼트를 생성할 때나 엘리먼트의 CSS 스타일을 지정할 때 유용하다. 엘리먼트와 스타일은 많은 수의 어트리뷰트와 프로퍼티를 가지며 대부분은 선택적인 값이기 때문이다.

4.10 커리(Curry)

이 장의 나머지 부분에서는 커링(currying)과 부분적인 함수 적용에 대해서 다룰 것이다. 이 주제에 대해 알아보기 전에, 함수 적용이 정확히 어떤 의미인지 알아보도록 하자.

함수 적용

순수한 함수형 프로그래밍 언어에서, 함수는 불려지거나 호출된다고 표현하기보다 적용(apply)된다고 표현한다. 자바스크립트에서도 Function.prototype.apply() 를 사용하면 함수를 적용할 수 있다. 자바스크립트의 함수는 객체이기 때문에 메서드를 가진다.

다음은 함수 적용의 예다.

```
// 함수를 정의한다.
var sayHi = function (who) {
    return "Hello" + (who ? ", " + who : "") + "!";
```

```
};

// 함수를 호출한다.
sayHi(); // "Hello"
sayHi('world'); // "Hello, world!"

// 함수를 적용(apply)한다.
sayHi.apply(null, ["hello"]); // "Hello, hello!"
```

예제에서 보는 것처럼, 함수를 적용하는 것과 호출하는 것 모두 결과는 동일하다.
apply()는 두 개의 매개변수를 받는다. 첫 번째는 이 함수 내에 this와 바인딩할 객
체이고, 두 번째는 배열 또는 인자(arguments)로 함수 내부에서 배열과 비슷한 형
태의 arguments 객체로 사용하게 된다. 첫 번째 매개변수가 null이면, this는 전역
객체를 가리킨다. 즉 함수를 특정 객체의 메서드로서가 아니라 일반적인 함수로 호
출할 때와 같다.

함수가 객체의 메서드일 때는, (위 예제처럼) null을 전달하지 않는다. 다음은
apply()의 첫 번째 인자로 객체를 전달하는 예제다.

```
var alien = {
    sayHi: function (who) {
        return "Hello" + (who ? ", " + who : "") + "!";
    }
};

alien.sayHi('world'); // "Hello, world!"
sayHi.apply(alien, ["humans"]); // "Hello, humans!"
```

이 코드에서, sayHi() 내부의 this는 alien을 가리킨다. 앞선 예제에서 this는 전역
객체를 가리킨다.

두 개의 예제에서 설명한 것처럼, 함수 호출이라는 것은 사실상 함수 적용을 가리
키는 문법 설탕(syntatic sugar)이나 다름 없다.

apply()와 더불어 Function.prototype 객체에 call() 메서드도 있다는 것을 알아
두자. call() 메서드 역시 apply()와 매우 비슷한 문법 설탕이다. 함수의 매개변수가
단 하나일 때는 굳이 배열을 만들지 않고 요소 하나만 지정하는 방법이 더 편하기
때문에 call()을 쓰는 게 더 나을 때도 있다.

```
// 배열을 만들지 않는 두 번째 방법이 더 효과적이다.
sayHi.apply(alien, ["humans"]); // "Hello, humans!"
sayHi.call(alien, "humans"); // "Hello, humans!"
```

부분적인 적용

함수의 호출이 실제로는 인자의 묶음을 함수에 적용하는 것임을 알게 되었다. 인자 전부가 아니라 일부 인자만 전달하는 것이 가능할까? 이것은 사실 수학 함수를 직접 계산할 때 흔히 쓰는 방법과 비슷하다.

두 개의 숫자 x와 y를 더하는 add() 함수가 있다고 해보자. 다음 코드는 x가 5이고 y가 4라고 했을 때, 정답을 찾아내는 방법을 보여준다.

```
// 설명을 위한 목적으로 사용되었다.
// 자바스크립트에서는 유효하지 않다.

// 이런 함수가 있고
function add(x, y) {
    return x + y;
}

// 인자들을 알고있다.
add(5, 4);

// 1단계 -- 하나의 인자를 대체한다.
function add(5, y) {
    return 5 + y;
}

// 2단계 -- 나머지 인자를 대체한다.
function add(5, 4) {
    return 5 + 4;
}
```

이 코드에서 1단계와 2단계는 유효한 자바스크립트가 아니지만 이 문제를 직접 푸는 방법이라고 할 수 있다. 먼저 첫 번째 인자 값인 함수 내의 미지수 x를 우리가 알고 있는 값인 5로 대체한다. 나머지 인자에 대해서도 동일한 과정을 반복한다.

이 예제의 1단계에서 부분적인 적용이 수행되었다. 첫 번째 인자만을 적용한 상태이며, 부분적인 적용을 실행하면 결과(정답)가 나오는 대신 또다른 함수가 나온다.

다음 코드는 가상의 partialApply() 메서드 사용법을 보여준다.

```
var add = function (x, y) {
    return x + y;
};

// 모든 인자를 적용한다.
add.apply(null, [5, 4]); // 9
// 인자를 부분적으로만 적용한다.
var newadd = add.partialApply(null, [5]);
```

```
// 새로운 함수에 인자를 적용
newadd.apply(null, [4]); // 9
```

예제에서 보는 것처럼, 부분적인 적용을 실행한 결과는 또다른 함수이며, 이 함수는 다른 인자 값을 적용하여 호출할 수 있다. 이것은 사실 add(5)(4)와 같다. add(5)가 (4)로 호출할 수 있는 함수를 반환하기 때문이다. 다시 말해, 우리에게 친숙한 add(5, 4)는 add(5)(4)를 대신하는 문법 설탕이라고 생각할 수 있다.

원래의 얘기로 돌아오면, partialApply() 메서드는 존재하지 않고, 자바스크립트의 함수는 기본적으로는 이렇게 동작하지 않는다. 그러나 자바스크립트는 굉장히 동적이기 때문에 이렇게 동작하도록 만들 수 있다.

함수가 부분적인 적용을 이해하고 처리할 수 있도록 만드는 과정을 커링이라고 한다.

커링(Curring)

커링은 인도 음식인 커리와 아무런 관계가 없다. 커링은 수학자 하스켈 커리(Haskell Curry)로부터 유래되었다. (하스켈 프로그래밍 언어도 그의 이름에서 따온 것이다.) 커링은 함수를 변형하는 과정이다. 커링은 이 변형 방법의 원래의 발명가인 모세 쉔핀켈(Moses Schönfinkel)의 이름을 따서 schönfinklisation이라고도 부른다.

함수를 어떻게 schönfinkel화 또는 커링할 수 있을까? 다른 함수형 언어에서는 커링 기능이 언어 자체에 내장되어 있어 모든 함수가 기본적으로 커링된다. 자바스크립트에서는 add() 함수를 수정하여 부분 적용을 처리하는 커링 함수로 만들 수 있다.

예제를 살펴보자.

```
// 커링된 add()
// 부분적인 인자의 목록을 받는다.
function add(x, y) {
    var oldx = x, oldy = y;
    if (typeof oldy === "undefined") { // 부분적인 적용
        return function (newy) {
            return oldx + newy;
        };
    }
    // 전체 인자를 적용
    return x + y;
}
```

```
// 테스트
typeof add(5); // "function"
add(3)(4); // 7

// 새로운 함수를 만들어 저장
var add2000 = add(2000);
add2000(10); // 2010
```

이 코드에서 처음 add()를 호출할 때, add가 반환하는 내부 함수에 클로저를 만든다. 클로저는 원래의 x와 y값을 비공개 변수인 oldx와 oldy에 저장한다. 첫 번째 변수인 oldx는 내부 함수가 실행될 때 사용된다. 부분적인 적용이 없고 x, y 둘 다 전달되었다면, 함수는 단순히 이 둘을 더한다. add()는 설명을 위해 필요 이상으로 약간 장황하게 구현하였다. 더 간단한 버전은 다음 예제에서 볼 수 있다. 다음 예제에는 oldx와 oldy가 없다. 원래의 x는 암묵적으로 클로저에 저장되어 있고, 이전 예제에서 newy라는 새로운 변수를 만들었던 것과는 달리 지역 변수 y를 재사용한다.

```
// 커링된 add
// 부분적인 인자의 목록을 받는다.
function add(x, y) {
    if (typeof y === "undefined") { // 부분적인 적용
        return function (y) {
            return x + y;
        };
    }
    // 전체 인자를 적용
    return x + y;
}
```

이 예제에서, 함수 add() 자체가 부분적인 적용을 처리한다. 조금 더 범용적인 방식으로 처리할 수 있을까? 다시 말해, 어떤 함수라도 부분적인 매개변수를 받는 새로운 함수로 변형할 수 있을까? 다음의 예제는 이를 수행하는 범용 함수를 보여준다. 이 함수를 schonfinkelize()라 부르자. 발음하는 것이 재밌기도 하고 'curry'라는 애매한 단어에 비해 훨씬 동사의 느낌이 강해서, 함수를 변형한다는 사실을 조금 더 확실히 드러내준다.

범용 커링 함수의 코드는 다음과 같다.

```
function schonfinkelize(fn) {
    var slice = Array.prototype.slice,
        stored_args = slice.call(arguments, 1);
    return function () {
        var new_args = slice.call(arguments),
```

```
            args = stored_args.concat(new_args);
        return fn.apply(null, args);
    };
}
```

schofinkelize() 함수가 조금 복잡해지는 이유는 단지 자바스크립트에서 arguments가 실제로는 배열이 아니기 때문이다. Array.prototype으로부터 slice() 메서드를 빌려오면 arguments를 배열로 바꿔 사용하기 더 편리하게 만들 수 있다. schonfinkelize()가 처음으로 호출될 때, 지역 변수 slice에 slice() 메서드에 대한 참조를 저장하고, stored_args에 인자를 저장한다. 이때 첫 번째 인자는 커링될 함수이기 때문에 떼어낸다. 그리고 새로운 함수를 반환한다. 반환된 새로운 함수는 호출되었을 때 클로저를 통해 이전에 비공개로 저장해 둔 stored_args와 slice 참조에 접근할 수 있다. 새로운 함수는 이미 일부 적용된 인자인 stored_args와 새로운 인자 new_args를 합친 다음, 클로저에 저장되어 있는 원래의 함수 fn에 적용하기만 하면 된다.

어떤 함수라도 커링할 수 있는 범용적인 도구를 갖추었으니, 몇 가지 테스트를 실행해보자.

```
// 일반 함수
function add(x, y) {
    return x + y;
}

// 함수를 커링하여 새로운 함수를 얻는다
var newadd = schonfinkelize(add, 5);
newadd(4); // 9

// 반환되는 새로운 함수를 바로 호출할 수도 있다.
schonfinkelize(add, 6)(7); // 13
```

함수를 변형시키는 schonfinkelize()에 매개변수를 한 개만 쓸 수 있거나 커링을 한 단계만 할 수 있는 건 아니다. 더 많은 사용 예제를 살펴보자.

```
// 일반 함수
function add(a, b, c, d, e) {
    return a + b + c + d + e;
}

// 여러 개의 인자를 사용할 수도 있다.
schonfinkelize(add, 1, 2, 3)(5, 5); // 16
```

```
// 2단계의 커링
var addOne = schonfinkelize(add, 1);
addOne(10, 10, 10, 10); // 41
var addSix = schonfinkelize(addOne, 2, 3);
addSix(5, 5); // 16
```

커링을 사용해야 할 경우

어떤 함수를 호출할 때 대부분의 매개변수가 항상 비슷하다면, 커링의 적합한 후보라고 할 수 있다. 매개변수 일부를 적용하여 새로운 함수를 동적으로 생성하면 이함수는 반복되는 매개변수를 내부적으로 저장하여, 매번 인자를 전달하지 않아도 원본 함수가 기대하는 전체 목록을 미리 채워놓을 것이다.

4.11 요약

자바스크립트에서 함수를 제대로 이해하고 적합하게 사용하는 일은 매우 중요하다. 이 장은 함수에 관한 배경지식과 용어에 대해 다루었다. 자바스크립트에서 함수의 중요한 두 가지 특징에 대해 배웠다. 다시 말하자면,

1. 함수는 일급 객체다. 값으로 전달될 수 있고, 프로퍼티와 메서드를 확장할 수 있다.
2. 함수는 지역 유효범위를 제공한다. 다른 중괄호 묶음은 그렇지 않다. 로컬 변수의 선언은 로컬 유효범위의 맨 윗부분으로 호이스팅된다는 점도 기억해두어야 한다.

함수를 생성하는 문법에는 다음과 같은 것들이 있다.

1. 기명 함수 표현식
2. 함수 표현식. (위와 동일하지만 이름만 없는 것) 익명 함수라고도 한다.
3. 함수 선언문. 다른 언어의 함수 문법과 유사하다.

함수의 배경지식과 문법을 다룬 후, 여러 가지 유용한 패턴을 익혔다. 이 패턴들은 다음과 같이 분류할 수 있다.

1. API 패턴. 함수에 더 좋고 깔끔한 인터페이스를 제공할 수 있게 도와준다.

이 패턴은 다음을 포함한다.

콜백 패턴 - 함수를 인자로 전달한다.

설정 객체 - 함수에 많은 수의 매개변수를 전달할 때 통제를 벗어나지 않도록 해준다.

함수 반환 - 함수의 반환 값이 또다시 함수일 수 있다.

커링 - 원본 함수와 매개변수 일부를 물려받는 새로운 함수를 생성한다.

2. **초기화 패턴.** 웹페이지와 애플리케이션에서 매우 흔히 사용되는 초기화와 설정 작업을, 전역 네임스페이스를 어지럽히지 않고 임시 변수를 사용해 좀더 깨끗하고 구조화된 방법으로 수행할 수 있게 도와준다.

즉시 실행 함수 - 정의되자마자 실행된다.

즉시 객체 초기화 - 익명 객체 내부에서 초기화 작업을 구조화한 다음 즉시 호출할 수 있는 메서드를 제공한다.

초기화 시점의 분기 - 최초 코드 실행 시점에 코드를 분기하여, 애플리케이션 생명 주기 동안 계속해서 분기가 발생하지 않도록 막아준다.

3. **성능 패턴.** 코드의 실행속도를 높이는 데 도움을 준다.

메모이제이션 패턴 - 함수 프로퍼티를 사용해 계산된 값을 다시 계산되지 않도록한다.

자기선언 함수 - 자기 자신을 덮어씀으로써 두 번째 호출 이후부터는 작업량이 줄어들게 만든다.

5장

JAVASCRIPT PATTERNS

객체 생성 패턴

자바스크립트에서는 객체 리터럴이나 생성자 함수를 사용하여 아주 쉽게 객체를 만들 수 있다. 이 장에서는 좀더 나아가 객체를 생성하는 또다른 패턴들을 살펴볼 것이다.

자바스크립트 언어는 간단하고 평이하다. 다른 언어에서는 네임스페이스나 모듈 패키지, 비공개 프로퍼티, 스태틱 멤버 등의 기능이 익숙하고 당연할지 몰라도, 자바스크립트에는 이런 것들을 위한 별도의 문법이 거의 없다. 이 장에서는 이러한 기능들을 구현하거나 대체하거나 또는 다른 관점에서 바라볼 수 있게 해주는 범용적인 패턴들에 대해 알아본다.

네임스페이스 패턴, 의존 관계 선언, 모듈 패턴, 샌드박스 패턴 등은 애플리케이션 코드를 정리하고 구조화할 수 있게 도와주고 암묵적 전역의 영향력을 약화시킨다. 또한 비공개 멤버와 특권 멤버, 공개/비공개 스태틱 멤버, 객체 상수, 체이닝에 대해서도 다루고, 클래스와 비슷한 방식으로 생성자를 정의하는 방법도 하나 살펴본다.

5.1 네임스페이스 패턴

네임스페이스는 프로그램에서 필요로 하는 전역 변수의 개수를 줄이는 동시에 과도한 접두어를 사용하지 않고도 이름이 겹치지 않게 해준다.

자바스크립트의 언어 문법에 내장되어 있지는 않지만, 네임스페이스는 꽤 쉽게 구현할 수 있는 기능이다. 수많은 함수, 객체, 변수들로 전역 유효범위를 어지럽히는 대신, 애플리케이션이나 라이브러리를 위한 전역 객체를 하나 만들고 (단 하나만 만드는 것이 이상적이다.) 모든 기능을 이 객체에 추가하면 된다.

다음 예제를 살펴보자.

```
// 수정 전: 전역 변수 5개.
// 경고: 안티패턴이다.

// 생성자 함수 2개
function Parent() {}
function Child() {}

// 변수 1개
var some_var = 1;

// 객체 2개
var module1 = {};
module1.data = {a: 1, b: 2};
var module2 = {};
```

위와 같은 코드를 리팩터링하기 위해서는 먼저 애플리케이션 전용 전역 객체, 이를테면 MYAPP을 생성한다. 그런 다음 모든 함수와 변수들을 이 전역 객체의 프로퍼티로 변경한다.

```
// 수정 후: 전역 변수 1개.

// 전역 객체
var MYAPP = {};

// 생성자
MYAPP.Parent = function () {};
MYAPP.Child = function () {};

// 변수
MYAPP.some_var = 1;

// 객체 컨테이너
MYAPP.modules = {};

// 객체들을 컨테이너 안에 추가한다.
MYAPP.modules.module1 = {};
MYAPP.modules.module1.data = {a: 1, b: 2};
MYAPP.modules.module2 = {};
```

전역 네임스페이스 객체의 이름은 애플리케이션 이름이나 라이브러리의 이름, 도메인명, 회사 이름 중에서 선택할 수도 있다. 흔히 코드를 읽는 사람 눈에 띄도록 전역 객체 이름은 모두 대문자로 쓰는 명명 규칙을 사용하기도 한다. (이 규칙은 상수를 쓸 때도 사용된다는 점에 주의하라.)

이 패턴은 코드에 네임스페이스를 지정해주며, 코드 내의 이름 충돌 뿐 아니라 이 코드와 같은 페이지에 존재하는 자바스크립트 라이브러리나 위젯 등 서드 파티 코드와의 이름 충돌도 방지해준다. 다양한 작업에 응용할 수 있으며, 매우 권장하는 패턴이다. 그러나 다음과 같은 단점도 존재한다.

- 모든 변수와 함수에 접두어를 붙여야 하기 때문에 전체적으로 코드량이 약간 더 많아지고 따라서 다운로드해야 하는 파일 크기도 늘어난다.
- 전역 인스턴스가 단 하나뿐이기 때문에 코드의 어느 한 부분이 수정되어도 전역 인스턴스를 수정하게 된다. 즉 나머지 기능들도 갱신된 상태를 물려받는다.
- 이름이 중첩되고 길어지므로 프로퍼티를 판별하기 위한 검색 작업도 길고 느려진다. 이 장의 뒷부분에서는 이 단점을 해결하는 샌드박스 패턴을 다룰 것이다.

범용 네임스페이스 함수

프로그램의 복잡도가 증가하고 코드의 각 부분들이 별개의 파일로 분리되어 선택적으로 문서에 포함되게 되면, 어떤 코드가 특정 네임스페이스나 그 내부의 프로퍼티를 처음으로 정의한다고 가정하기가 위험하다. 네임스페이스에 추가하려는 프로퍼티가 이미 존재할 수도 있고 따라서 내용을 덮어쓰게 될 지도 모른다. 그러므로 네임스페이스를 생성하거나 프로퍼티를 추가하기 전에 먼저 이미 존재하는지 여부를 확인하는 것이 최선이다. 다음 예제를 보자.

```
// 위험하다
var MYAPP = {};
// 개선안
if (typeof MYAPP === "undefined") {
    var MYAPP = {};
}
// 또는 더 짧게 쓸 수 있다.
var MYAPP = MYAPP || {};
```

이렇게 추가되는 확인 작업 때문에 상당량의 중복 코드가 생겨날 수 있다. 예를 들어 MYAPP.modules.module2를 정의하려면, 각 단계의 객체와 프로퍼티를 정의할 때마다 확인 작업을 거쳐야 하므로 코드가 세 번 중복된다. 따라서 네임스페이스 생성의 실제 작업을 맡아 줄 재사용 가능한 함수를 만들어두면 편리하다. 이 함수를

namespace()라 하고 다음과 같이 사용한다고 하자.[1]

```
// 네임스페이스 함수를 사용한다.
MYAPP.namespace('MYAPP.modules.module2');

// 위 코드는 다음과 같은 결과를 반환한다.
//   var MYAPP = {
//       modules: {
//            module2: {}
//       }
//   };
```

다음은 네임스페이스 함수를 구현한 예제다. 다음과 같은 방식은 해당 네임스페이스가 존재하면 덮어쓰지 않기 때문에 기존 코드를 망가뜨리지 않는다.

```
var MYAPP = MYAPP || {};

MYAPP.namespace = function (ns_string) {
    var parts = ns_string.split('.'),
        parent = MYAPP,
        i;

    // 처음에 중복되는 전역 객체명은 제거한다
    if (parts[0] === "MYAPP") {
        parts = parts.slice(1);
    }

    for (i = 0; i < parts.length; i += 1) {
        // 프로퍼티가 존재하지 않으면 생성한다.
        if (typeof parent[parts[i]] === "undefined") {
            parent[parts[i]] = {};
        }

        parent = parent[parts[i]];
    }
    return parent;
};
```

이 코드는 다음 모든 예에서 사용할 수 있다.

```
// 반환 값을 지역 변수에 할당한다.
var module2 = MYAPP.namespace('MYAPP.modules.module2');
module2 === MYAPP.modules.module2; // true

// 첫부분의 'MYAPP'을 생략하고도 쓸 수 있다.
MYAPP.namespace('modules.module51');
```

---

1 (옮긴이) namespace는 자바스크립트에서 향후 사용하고자, 일반적인 사용을 금지한 예약어에 포함되어 있다. 따라서 이 단어 그대로를 프로퍼티명으로 쓰는 것은 권하지 않는다.

```
// 아주 긴 네임스페이스를 만들어보자
MYAPP.namespace('once.upon.a.time.there.was.this.long.nested.
property');
```

그림 5-1은 위 예제를 파이어버그의 요소 검사기로 실제로 검사했을 때의 모습
이다.

그림 5-1 파이어버그에서 검사한 MYAPP 네임스페이스

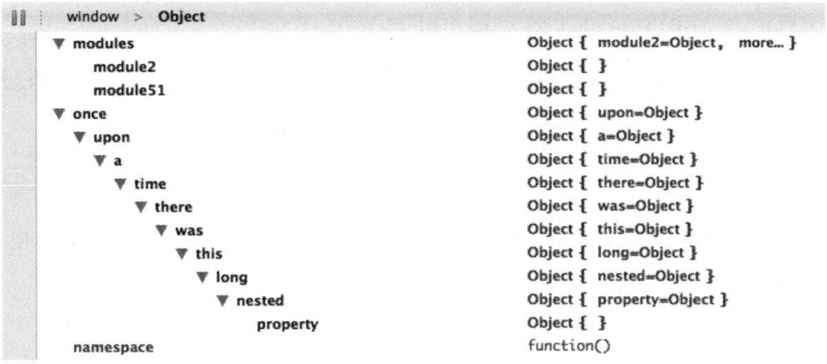

5.2 의존 관계 선언

자바스크립트 라이브러리들은 대개 네임스페이스를 지정하여 모듈화되어 있기 때
문에, 필요한 모듈만 골라서 쓸 수 있다. 예를 들어 YUI2에는 네임스페이스 역할
을 하는 YAHOO라는 전역 변수가 있고, 이 전역 변수의 프로퍼티로 YAHOO.util.
DOM(DOM 모듈)이나 YAHOO.util.Event(이벤트 모듈)와 같은 모듈이 추가되어
있다.

이 때 함수나 모듈 내 최상단에, 의존 관계에 있는 모듈을 선언하는 것이 좋다. 즉
지역 변수를 만들어 원하는 모듈을 가리키도록 선언하는 것이다.

```
var myFunction = function () {
    // 의존 관계에 있는 모듈들
    var event = YAHOO.util.Event,
        dom = YAHOO.util.Dom;

    // 이제 event와 dom이라는 변수를 사용한다...
};
```

대단히 간단한 패턴이지만 상당히 많은 장점을 가지고 있다.

- 의존 관계가 명시적으로 선언되어 있기 때문에 코드를 사용하는 사람이 페이지 내에 반드시 포함시켜야 하는 스크립트 파일이 무엇인지 알 수 있다.
- 함수의 첫머리에 의존 관계가 선언되기 때문에 의존 관계를 찾아내고 이해하기가 쉽다.
- dom과 같은 지역 변수는 YAHOO와 같은 전역 변수보다 언제나 더 빠르며 YAHOO.util.Dom처럼 전역 변수의 중첩 프로퍼티와 비교하면 더 말할 것도 없다. 의존 관계 선언 패턴을 잘 지키면 함수 안에서 전역 객체 판별을 단 한 번만 수행하고, 이 다음부터는 지역 변수를 사용하기 때문에 훨씬 빠르다.
- YUI 컴프레서나 구글 클로저 등 고급 압축 도구는 지역 변수명에 대해서는 event를 A라는 글자 하나로 바꾸는 식으로 축약해 코드를 줄여준다. 하지만 전역 변수명 변경은 위험하기 때문에 축약하지 않는다.

다음 예제는 코드를 압축했을 때 의존 관계 선언 패턴의 효과를 보여준다. test1() 에는 패턴을 적용하지 않았고 test2()에는 패턴을 적용했다. test2()는 변수가 추가된 만큼 코드도 더 많고 좀더 복잡해보이지만, 압축 후의 실제 코드량은 더 적다. 이는 사용자가 다운로드하는 파일 크기도 더 작다는 의미다.

```
function test1() {
    alert(MYAPP.modules.m1);
    alert(MYAPP.modules.m2);
    alert(MYAPP.modules.m51);
}

/*
압축된 test1의 본문:
alert(MYAPP.modules.m1);alert(MYAPP.modules.m2);alert(MYAPP.
modules.m51)
*/

function test2() {
    var modules = MYAPP.modules;
    alert(modules.m1);
    alert(modules.m2);
    alert(modules.m51);
}

/*
압축된 test2의 본문:
```

```
var a=MYAPP.modules;alert(a.m1);alert(a.m2);alert(a.m51)
*/
```

5.3 비공개 프로퍼티와 메서드

자바 등 다른 언어와는 달리 자바스크립트에는 private, protected, public 프로퍼티와 메서드를 나타내는 별도의 문법이 없다. 객체의 모든 멤버는 public, 즉 공개되어 있다.

```
var myobj = {
    myprop: 1,
    getProp: function () {
        return this.myprop;
    }
};
console.log(myobj.myprop); // 'myprop'에 공개적으로 접근할 수 있다.
console.log(myobj.getProp()); // getProp() 역시 공개되어 있다.
```

생성자 함수를 사용해 객체를 생성할 때도 마찬가지로 모든 멤버가 공개된다.

```
function Gadget() {
    this.name = 'iPod';
    this.stretch = function () {
        return 'iPad';
    };
}
var toy = new Gadget();
console.log(toy.name); // 'name'은 공개되어 있다.
console.log(toy.stretch()); // stretch()도 공개되어 있다.
```

비공개(private) 멤버

비공개 멤버에 대한 별도의 문법은 없지만 클로저를 사용해서 구현할 수 있다. 생성자 함수 안에서 클로저를 만들면, 클로저 유효범위 안의 변수는 생성자 함수 외부에 노출되지 않지만 객체의 공개 메서드 안에서는 쓸 수 있다. 즉 생성자에서 객체를 반환할 때 객체의 메서드를 정의하면, 이 메서드 안에서는 비공개 변수에 접근할 수 있는 것이다.

```
function Gadget() {
    // 비공개 멤버
    var name = 'iPod';
    // 공개된 함수
    this.getName = function () {
```

```
        return name;
    };
}
var toy = new Gadget();

// 'name'은 비공개이므로 undefined가 출력된다.
console.log(toy.name); // undefined

// 공개 메서드에서는 'name'에 접근할 수 있다.
console.log(toy.getName()); // "iPod"
```

보다시피 자바스크립트에서도 쉽게 비공개 멤버를 구현할 수 있다. 비공개로 유지할 데이터를 함수로 감싸기만 하면 된다. 이 데이터들을 함수의 지역 변수로 만들면, 함수 외부에서는 접근할 수 없다.

특권(privileged) 메서드

특권 메서드라는 개념은 특정한 문법과는 관련이 없다. 단지 비공개 멤버에 접근권한을 가진 (즉 일종의 특권을 부여받은) 공개 메서드를 가리키는 이름일 뿐이다.

앞선 예제에서 getName()은 비공개 프로퍼티인 name에 '특별한' 접근권한을 가지고 있기 때문에 특권 메서드라고 할 수 있다.

비공개 멤버의 허점

비공개 멤버를 유지하는 게 관건이라면, 다음과 같은 경우에 대해서 신경을 써야 한다.

- 파이어폭스의 초기 버전 중 일부는 eval() 함수에 두 번째 매개변수를 전달할 수 있게 되어 있다. 이 매개변수는 함수의 비공개 유효범위를 들여다볼 수 있게 해주는 컨텍스트 객체다. 모질라 라이노(Rhino)의 __parent__ 프로퍼티도 이와 비슷한 방식으로 비공개 유효범위에 접근할 수 있게 해준다. 현재 널리 사용되는 브라우저에는 적용되지 않는 사례들이다.
- 특권 메서드에서 비공개 변수의 값을 바로 반환할 경우 이 변수가 객체나 배열이라면 값이 아닌 참조가 반환되기 때문에, 외부 코드에서 비공개 변수 값을 수정할 수 있다.

두 번째 경우는 좀더 자세히 살펴보도록 하겠다. 다음에 나오는 Gadget 구현은 얼핏 보기엔 별 문제가 없어 보인다.

```javascript
function Gadget() {
    // 비공개 멤버
    var specs = {
        screen_width: 320,
        screen_height: 480,
        color: "white"
     };

    // 공개 함수
    this.getSpecs = function () {
        return specs;
    };
}
```

여기서 getSpec() 메서드가 specs 객체에 대한 참조를 반환한다는 게 문제다. specs는 감춰진 비공개 멤버처럼 보이지만 Gadget 사용자에 의해 변경될 소지가 있다.

```javascript
var toy = new Gadget(),
    specs = toy.getSpecs();
specs.color = "black";
specs.price = "free";

console.dir(toy.getSpecs());
```

그림 5-2는 위 코드를 실행시켰을 때 파이어버그 콘솔에 출력되는 결과다.

그림 5-2 비공개 객체가 수정되었다

color	"black"
price	"free"
screen_height	480
screen_width	320

이와 같은 예기치 않은 문제를 해결하기 위해서는 비공개로 유지해야 하는 객체나 배열에 대한 참조를 전달할 때 주의를 기울이는 수밖에 없다. 하나의 방법은 getSpecs()에서 아예 새로운 객체를 만들어 사용자에게 쓸모있을 만한 데이터 일부만 담아 반환하는 것이다. 이것을 '최소 권한의 원칙(Principle of Least Authority,

POLA)'이라고도 한다. 필요 이상으로 권한을 주지 말아야 한다는 뜻이다. 이 예제에서 Gadget 사용자가 Gadget이 어떤 상자에 들어맞을지를 알아보고 싶어하는 거라면 Gadget의 면적만 알려주면 된다. 그렇다면 모든 정보를 내주는 대신 getDimensions()라는 메서드를 만들어 width와 height만을 담은 객체를 반환하면 될 것이다. getSpecs() 메서드는 아예 구현할 필요조차 없었을지 모른다.

모든 데이터를 넘겨야 한다면, 객체를 복사하는 범용 함수를 사용하여 specs 객체의 복사본을 만드는 것도 방법이 될 수 있다. 다음 장에서 이러한 함수를 두 가지 알아본다. 하나는 주어진 객체의 최상위 프로퍼티만을 복사(얕은 복사, shallow copy)하는 extend() 함수이고, 다른 하나는 모든 중첩 프로퍼티를 재귀적으로 복사(깊은 복사, deep copy)하는 extendDeep() 함수다.

객체 리터럴과 비공개 멤버

지금까지는 비공개 멤버를 만드는 데 생성자를 사용하는 방법들만 살펴보았다. 그렇다면 객체 리터럴로 객체를 생성한 경우엔 어떻게 해야 할까? 이 경우에도 비공개 멤버를 구현할 수 있을까?

여태까지 보아왔듯이 비공개 데이터를 함수로 감싸기만 하면 된다. 따라서 객체 리터럴에서는 익명 즉시 실행 함수를 추가하여 클로저를 만든다. 다음 예제를 살펴보자.

```
var myobj; // 이 변수에 객체를 할당할 것이다.
(function () {
    // 비공개 멤버
    var name = "my, oh my";

    // 공개될 부분을 구현한다.
    // var를 사용하지 않았다는 데 주의하라.
    myobj = {
        // 특권 메서드
        getName: function () {
            return name;
        }
    };
}());

myobj.getName(); // "my, oh my"
```

다음 예제는 기본 개념은 동일하지만 약간 다르게 구현해본 것이다.

```
var myobj = (function () {
    // 비공개 멤버
    var name = "my, oh my";

    // 공개될 부분을 구현한다.
    return {
        getName: function () {
            return name;
        }
    };
}());

myobj.getName(); // "my, oh my"
```

이 예제는 곧 살펴보게 될 '모듈 패턴'의 기초가 되는 부분이기도 하다.

프로토타입과 비공개 멤버

생성자를 사용하여 비공개 멤버를 만들 경우, 생성자를 호출하여 새로운 객체를 만들 때마다 비공개 멤버가 매번 재생성된다는 단점이 있다.

사실 생성자 내부에서 this에 멤버를 추가하면 항상 이런 문제가 발생한다. 이러한 중복을 없애고 메모리를 절약하려면 공통 프로퍼티와 메서드를 생성자의 prototype 프로퍼티에 추가해야 한다. 이렇게 하면 동일한 생성자로 생성한 모든 인스턴스가 공통된 부분을 공유하게 된다. 감춰진 비공개 멤버들도 모든 인스턴스가 함께 쓸 수 있다. 이를 위해서는 두 가지 패턴, 즉 생성자 함수 내부에 비공개 멤버를 만드는 패턴과 객체 리터럴로 비공개 멤버를 만드는 패턴을 함께 써야 한다. 왜냐하면 prototype 프로퍼티도 결국 객체라서, 객체 리터럴로 생성할 수 있기 때문이다.

예제를 통해 알아보자.

```
function Gadget() {
    // 비공개 멤버
    var name = 'iPod';
    // 공개 함수
    this.getName = function () {
        return name;
    };
}

Gadget.prototype = (function () {
    // 비공개 멤버
    var browser = "Mobile Webkit";
```

```
    // 공개된 프로토타입 멤버
    return {
        getBrowser: function () {
            return browser;
        }
    };
}());

var toy = new Gadget();
console.log(toy.getName()); // 객체 인스턴스의 특권 메서드
console.log(toy.getBrowser()); // 프로토타입의 특권 메서드
```

비공개 함수를 공개 메서드로 노출시키는 방법

노출 패턴(revelation pattern)은 비공개 메서드를 구현하면서 동시에 공개 메서드로도 노출하는 것을 말한다. 객체의 모든 기능이 객체가 수행하는 작업에 필수불가결한 것들이라서 최대한의 보호가 필요한데, 동시에 이 기능들의 유용성 때문에 공개적인 접근도 허용하고 싶은 경우가 있을 수 있다. 노출 패턴은 이러한 경우에 유용하게 쓸 수 있다. 메서드가 공개되어 있다는 것은 결국 이 메서드가 위험에 노출되어 있다는 말과도 같다. 공개 API 사용자가 어쩌면 본의 아니게 메서드를 수정할 수 있기 때문이다. ECMAScript 5에서는 객체를 고정(freeze)시킬 수 있는 선택지가 있지만, 현재 버전에서는 그렇지 않다. 이제 노출 패턴에 대해 알아보자. 이 용어는 크리스천 헤일먼(Christian Heilmann)이 만들어냈으며 처음에는 '모듈 노출 패턴(revealing module pattern)'이라고 했다.

먼저 예제를 살펴보자. 이 예제는 객체 리터럴 안에서 비공개 멤버를 만드는 패턴에 기반하고 있다.

```
var myarray;

(function () {

    var astr = "[object Array]",
        toString = Object.prototype.toString;

    function isArray(a) {
        return toString.call(a) === astr;
    }

    function indexOf(haystack, needle) {
        var i = 0,
            max = haystack.length;
        for (; i < max; i += 1) {
```

```
            if (haystack[i] === needle) {
                return i;
            }
        }
        return -1;
    }

    myarray = {
        isArray: isArray,
        indexOf: indexOf,
        inArray: indexOf
    };

}());
```

여기에는 비공개 변수 두 개와 비공개 함수 두 개, isArray()와 indexOf()가 존재한다. 즉시 실행 함수의 마지막 부분을 보면, 공개적인 접근을 허용해도 괜찮겠다고 결정한 기능들이 myarray 객체에 채워진다. 비공개 함수 indexOf()는 ECMAScript 5 식의 이름인 indexOf와 PHP에서 영향을 받은 이름인 inArray라는 두 개의 이름으로 노출되었다. 새로운 myarray 객체를 테스트해보자.

```
myarray.isArray([1,2]); // true
myarray.isArray({0: 1}); // false
myarray.indexOf(["a", "b", "z"], "z"); // 2
myarray.inArray(["a", "b", "z"], "z"); // 2
```

이제 공개된 메서드인 indexOf()에 예기치 못한 일이 일어나더라도, 비공개 함수인 indexOf()는 안전하게 보호되기 때문에 inArray()는 계속해서 잘 동작할 것이다.

```
myarray.indexOf = null;
myarray.inArray(["a", "b", "z"], "z"); // 2
```

5.4 모듈 패턴

모듈 패턴은 늘어나는 코드를 구조화하고 정리하는 데 도움이 되기 때문에 널리 쓰인다. 다른 언어와는 달리 자바스크립트에는 패키지를 위한 별도의 문법이 없다. 하지만 모듈 패턴을 사용하면 개별적인 코드를 느슨하게 결합시킬 수 있다. 따라서 각 기능들을 블랙박스처럼 다루면서도 소프트웨어 개발 중에 (끊임 없이 변하는) 요구사항에 따라 기능을 추가하거나 교체하거나 삭제하는 것도 자유롭게 할 수 있다.

모듈 패턴은 이 책에서 지금까지 살펴본 다음 패턴들 여러 개를 조합한 것이다.

- 네임스페이스 패턴
- 즉시 실행 함수
- 비공개 멤버와 특권 멤버
- 의존 관계 선언

첫 단계는 네임스페이스를 설정하는 것이다. 이 장의 첫머리에 나온 namespace()
함수를 사용해, 유용한 배열 메서드를 제공하는 유틸리티 모듈 예제를 만들어보자.

```
MYAPP.namespace('MYAPP.utilities.array');
```

그 다음 단계는 모듈을 정의하는 것이다. 공개 여부를 제한해야 한다면 즉시 실
행 함수를 사용해 비공개 유효범위를 만들면 된다. 즉시 실행 함수는 모듈이 될 객
체를 반환한다. 이 객체에는 모듈 사용자에게 제공할 공개 인터페이스가 담기게 될
것이다.

```
MYAPP.utilities.array = (function () {
    return {
        // 여기에 객체 내용을 구현한다...
    };
}());
```

이제 공개 인터페이스에 메서드를 추가해보자.

```
MYAPP.utilities.array = (function () {
    return {
        inArray: function (needle, haystack) {
            // ...
        },
        isArray: function (a) {
            // ...
        }
    };
}());
```

즉시 실행 함수의 비공개 유효범위를 사용하면, 비공개 프로퍼티와 메서드를 마
음껏 선언할 수 있다. 모듈에 의존 관계가 있다면 즉시 실행 함수 상단에서 정의한
다. 변수를 선언한 다음에는 필요에 따라 모듈을 초기화하는 데 필요한 일회성 초
기화 코드를 두어도 좋다. 즉시 실행 함수가 반환하는 최종 결과는 모듈의 공개

API를 담은 객체다.

```
MYAPP.namespace('MYAPP.utilities.array');

MYAPP.utilities.array = (function () {

    // 의존 관계
    var uobj = MYAPP.utilities.object,
        ulang = MYAPP.utilities.lang,

        // 비공개 프로퍼티
        array_string = "[object Array]",
        ops = Object.prototype.toString;

    // 비공개 메서드들
    // ...

    // var 선언을 마친다.

    // 필요하면 일회성 초기화 절차를 실행한다.
    // ...

    // 공개 API
    return {

        inArray: function (needle, haystack) {
            for (var i = 0, max = haystack.length; i < max; i += 1) {
                if (haystack[i] === needle) {
                    return true;
                }
            }
        },

        isArray: function (a) {
            return ops.call(a) === array_string;
        }
        // ... 더 필요한 메서드와 프로퍼티를 여기 추가한다.
    };
}());
```

모듈 패턴은 특히 점점 늘어만 가는 코드를 정리할 때 널리 사용되며 매우 추천하는 방법이다.

모듈 노출 패턴

이 장에서 비공개 멤버와 관련된 패턴을 살펴보면서 이미 노출 패턴을 다룬 바 있다. 모듈 패턴도 비슷한 방식으로 편성할 수 있다. 즉 모든 메서드를 비공개 상태로 유지하고, 최종적으로 공개 API를 갖출 때 공개할 메서드만 골라서 노출하는 것이다.

앞에서 나온 예제는 다음과 같이 수정할 수 있다.

```
MYAPP.utilities.array = (function () {

        // 비공개 프로퍼티
    var array_string = "[object Array]",
        ops = Object.prototype.toString,

        // 비공개 메서드
        inArray = function (haystack, needle) {
            for (var i = 0, max = haystack.length; i < max; i += 1) {
                if (haystack[i] === needle) {
                    return i;
                }
            }
            return -1;
        },
        isArray = function (a) {
            return ops.call(a) === array_string;
        };
        // var 선언을 마친다

    // 공개 API 노출
    return {
        isArray: isArray,
        indexOf: inArray
    };
}());
```

생성자를 생성하는 모듈

앞선 예제는 MYAPP.utilities.array라는 객체를 만들어냈다. 하지만 생성자 함수를 사용해 객체를 만드는 게 더 편할 때도 있다. 모듈 패턴을 사용하면서도 이렇게 할 수 있다. 모듈을 감싼 즉시 실행 함수가 마지막에 객체가 아니라 함수를 반환하게 하면 된다.

다음 모듈 패턴 예제는 생성자 함수인 MYAPP.utilities.Array를 반환한다.

```
MYAPP.namespace('MYAPP.utilities.Array');

MYAPP.utilities.Array = (function () {

    // 의존 관계 선언
    var uobj = MYAPP.utilities.object,
        ulang = MYAPP.utilities.lang,
```

```
        // 비공개 프로퍼티와 메서드들을 선언한 후......
        Constr;

        // var 선언을 마친다.

    // 필요하면 일회성 초기화 절차를 실행한다.
    // ...

    // 공개 API - 생성자 함수
    Constr = function (o) {
        this.elements = this.toArray(o);
    };
    // 공개 API - 프로토타입
    Constr.prototype = {
        constructor: MYAPP.utilities.Array,
        version: "2.0",
        toArray: function (obj) {
            for (var i = 0, a = [], len = obj.length; i < len; i += 1) {
                a[i] = obj[i];
            }
            return a;
        }
    };

    // 생성자 함수를 반환한다.
    // 이 함수가 새로운 네임스페이스에 할당될 것이다.
    return Constr;

}());
```

이 생성자 함수는 다음과 같이 사용한다.

```
var arr = new MYAPP.utilities.Array(obj);
```

모듈에 전역 변수 가져오기

이 패턴의 흔한 변형 패턴으로는, 모듈을 감싼 즉시 실행 함수에 인자를 전달하는 형태가 있다. 어떠한 값이라도 가능하지만, 보통 전역 변수에 대한 참조 또는 전역 객체 자체를 전달한다. 이렇게 전역 변수를 전달하면 즉시 실행 함수 내에서 지역 변수로 사용할 수 있게 되기 때문에 탐색 작업이 좀더 빨라진다.

```
MYAPP.utilities.module = (function (app, global) {

    // 전역 객체에 대한 참조와
    // 전역 애플리케이션 네임스페이스 객체에 대한 참조가 지역 변수화된다.

}(MYAPP, this));
```

5.5 샌드박스 패턴

샌드박스 패턴은 네임스페이스 패턴의 다음과 같은 단점을 해결한다.

- 애플리케이션 전역 객체가 단 하나의 전역 변수에 의존한다. 따라서 네임스페이스 패턴으로는 동일한 애플리케이션이나 라이브러리의 두 가지 버전을 한 페이지에서 실행시키는 것이 불가능하다. 여러 버전들이 모두 이를테면 MYAPP이라는 동일한 전역 변수명을 쓰기 때문이다.
- MYAPP.utilities.array와 같이 점으로 연결된 긴 이름을 써야 하고 런타임에는 탐색 작업을 거쳐야 한다.

이름을 보고 짐작할 수 있듯이 샌드박스 패턴은 어떤 모듈이 다른 모듈과 그 모듈의 샌드박스에 영향을 미치지 않고 동작할 수 있는 환경을 제공한다.

YUI 버전 3은 이 패턴을 비중있게 활용한다. 하지만 이어지는 예제들은 참고용으로 구현한 것이지 YUI3의 샌드박스 구현이 어떻게 동작하는지를 설명하려는 목적은 아니다.

전역 생성자

네임스페이스 패턴에서는 전역 객체가 하나다. 샌드박스 패턴의 유일한 전역은 생성자다. 이것을 Sandbox()라고 하자. 이 생성자를 통해 객체들을 생성할 것이다. 그리고 이 생성자에 콜백 함수를 전달해 해당 코드를 샌드박스 내부 환경으로 격리시킬 것이다.

샌드박스 사용법은 다음과 같다.

```
new Sandbox(function (box) {
    // 여기에 코드가 들어간다...
});
```

box 객체는 네임스페이스 패턴에서의 MYAPP과 같은 것이다. 코드가 동작하는 데 필요한 모든 라이브러리 기능들이 여기에 들어간다.

이 패턴에 두 가지를 추가해보자.

- 3장에서 나왔던 new를 강제하는 패턴을 활용하여 객체를 생성할 때 new를

쓰지 않아도 되게 만든다.

- Sandbox() 생성자가 선택적인 인자를 하나 이상 받을 수 있게 한다. 이 인자들
  은 객체를 생성하는 데 필요한 모듈의 이름을 지정한다. 우리는 코드의 모듈화
  를 지향하고 있으므로 Sandbox()가 제공하는 기능 대부분이 실제로는 모듈
  안에 담겨지게 될 것이다.

이제 객체를 초기화하는 코드가 어떤 모습인지 예제를 보도록 하자.

다음과 같이 new를 쓰지 않고도, 가상의 모듈 'ajax'와 'event'를 사용하는 객체
를 만들 수 있다.

```
Sandbox(['ajax', 'event'], function (box) {
    // console.log(box);
});
```

다음 예제는 앞선 예제와 비슷하지만 모듈 이름을 개별적인 인자로 전달한다.

```
Sandbox('ajax', 'dom', function (box) {
    // console.log(box);
});
```

'쓸 수 있는 모듈을 모두 사용한다'는 의미로 와일드카드 * 인자를 사용하면 어떨
까? 편의를 위해 모듈명을 누락시키면 샌드박스가 자동으로 *를 가정하도록 하자.
그렇다면 모든 모듈을 사용하는 방법으로 다음 두 가지가 가능할 것이다.

```
Sandbox('*', function (box) {
    // console.log(box);
});
Sandbox(function (box) {
    // console.log(box);
});
```

마지막으로 샌드박스 객체의 인스턴스를 여러 개 만드는 예제를 살펴보자. 심지
어 한 인스턴스 내부에 다른 인스턴스를 중첩시킬 수도 있다. 이 때도 두 인스턴스
간의 간섭 현상은 일어나지 않는다.

```
Sandbox('dom', 'event', function (box) {

    // dom과 event를 가지고 작업하는 코드
    Sandbox('ajax', function (box) {
        // 샌드박스된 box 객체를 또 하나 만든다.
```

```
        // 이 "box" 객체는 바깥쪽 함수의 "box"객체와는 다르다.

        //...

        // ajax를 사용하는 작업 완료
    });

    // 더 이상 ajax 모듈의 흔적은 찾아볼 수 없다.

});
```

이 예제들에서 볼 수 있듯이, 샌드박스 패턴을 사용하면 콜백 함수로 코드를 감싸기 때문에 전역 네임스페이스를 보호할 수 있다.

필요하다면 함수가 곧 객체라는 사실을 활용하여 Sandbox() 생성자의 '스태틱' 프로퍼티에 데이터를 저장할 수도 있다.

또 원하는 유형별로 모듈의 인스턴스를 여러 개 만들 수도 있다. 이 인스턴스들은 각각 독립적으로 동작하게 된다.

그럼 이제 이 모든 기능을 지원하는 Sandbox() 생성자와 그 모듈을 구현하는 방법을 살펴보자.

모듈 추가하기

실제 생성자를 구현하기 전에 모듈을 어떻게 추가할 수 있는지부터 살펴보자.

Sandbox() 생성자 함수 역시 객체이므로, modules라는 프로퍼티를 추가할 수 있다. 이 프로퍼티는 키-값의 쌍을 담은 객체로, 모듈의 이름이 키가 되고 각 모듈을 구현한 함수가 값이 될 것이다.

```
Sandbox.modules = {};

Sandbox.modules.dom = function (box) {
    box.getElement = function () {};
    box.getStyle = function () {};
    box.foo = "bar";
};

Sandbox.modules.event = function (box) {
    // 필요에 따라 다음과 같이 Sandbox 프로토타입에 접근할 수 있다.
    // box.constructor.prototype.m = "mmm";
    box.attachEvent = function () {};
    box.detachEvent = function () {};
};
```

```
Sandbox.modules.ajax = function (box) {
    box.makeRequest = function () {};
    box.getResponse = function () {};
};
```

위 예제에서는 dom, event, ajax라는 모듈을 추가했다. 모든 라이브러리와 복잡한 웹 애플리케이션에서 흔히 사용되는 기능들이다.

각 모듈을 구현하는 함수들이 현재의 인스턴스 box를 인자로 받아들인 다음 이 인스턴스에 프로퍼티와 메서드를 추가하게 된다.

생성자 구현

이제 Sandbox() 생성자를 구현해보자. (이 생성자의 이름은 여러분의 라이브러리나 애플리케이션에 맞게 바꾸어도 좋다.)

```
function Sandbox() {
        // arguments를 배열로 바꾼다.
    var args = Array.prototype.slice.call(arguments),
        // 마지막 인자는 콜백 함수다.
        callback = args.pop(),
        // 모듈은 배열로 전달될 수도 있고 개별 인자로 전달될 수도 있다.
        modules = (args[0] && typeof args[0] === "string") ? args :
args[0],
        i;

    // 함수가 생성자로 호출되도록 보장한다
    if (!(this instanceof Sandbox)) {
        return new Sandbox(modules, callback);
    }

    // this에 필요한 프로퍼티들을 추가한다
    this.a = 1;
    this.b = 2;

    // 코어 'this' 객체에 모듈을 추가한다
    // 모듈이 없거나 "*"이면 사용 가능한 모든 모듈을 사용한다는 의미다.
    if (!modules || modules === '*' || modules[0] === '*') {
        modules = [];
        for (i in Sandbox.modules) {
            if (Sandbox.modules.hasOwnProperty(i)) {
                modules.push(i);
            }
        }
    }

    // 필요한 모듈들을 초기화한다.
```

```
    for (i = 0; i < modules.length; i += 1) {
        Sandbox.modules[modules[i]](this);
    }

    // 콜백 함수를 호출한다.
    callback(this);
}

// 필요한 프로토타입 프로퍼티들을 추가한다.
Sandbox.prototype = {
    name: "My Application",
    version: "1.0",
    getName: function () {
        return this.name;
    }
};
```

이 구현에서 핵심적인 사항들은 다음과 같다.

- this가 Sandbox의 인스턴스인지 확인하고, 그렇지 않으면 (즉 Sandbox()가 new 없이 호출되었다면) 함수를 생성자로 호출한다.
- 생성자 내부에서 this에 프로퍼티를 추가한다. 생성자의 프로토타입에도 프로퍼티를 추가할 수 있다.
- 필요한 모듈은 배열로도, 개별적인 인자로도 전달할 수 있고, * 와일드카드를 사용하거나, 쓸 수 있는 모듈을 모두 쓰겠다는 의미로 생략할 수도 있다. 이 예제에서는 필요한 기능을 다른 파일로부터 로딩하는 것까지는 구현하지 않았지만, 이러한 선택지도 확실히 고려해보아야 한다. 예를 들어 YUI3에서는 이 기능이 지원된다. 먼저 '시드(seed)'라고도 불리는 가장 기본적인 모듈만을 로드해 놓으면, 나머지 필요한 모듈에 대응하는 외부 파일들은 알아서 로드된다. 모듈에 대응하는 파일명을 찾는 데는 명명 규칙을 사용한다.
- 필요한 모듈을 모두 파악한 다음에는 각 모듈을 초기화한다. 다시 말해 각 모듈을 구현한 함수를 호출한다.
- 생성자의 마지막 인자는 콜백 함수다. 이 콜백 함수는 맨 마지막에 호출되며, 새로 생성된 인스턴스가 인자로 전달된다. 이 콜백 함수가 실제 사용자의 샌드박스이며 필요한 기능을 모두 갖춘 상태에서 box 객체를 전달받게 된다.

5.6 스태틱 멤버

스태틱 프로퍼티와 메서드란 인스턴스에 따라 달라지지 않는 프로퍼티와 메서드를 말한다. 클래스 기반의 언어에서는 별도의 문법을 통해 스태틱 멤버를 생성하여 클래스 자체의 멤버인 것처럼 사용한다. 예를 들어 MathUtils 클래스에 max()라는 스태틱 메서드가 있다면 MathUtils.max(3, 5)와 같은 식으로 호출할 수 있다. 이것은 공개 스태틱 멤버의 예로, 클래스의 인스턴스를 생성하지 않고도 사용할 수 있다. 비공개 스태틱 멤버는 클래스 사용자에게는 보이지 않지만 클래스의 인스턴스들은 모두 함께 사용할 수 있다. 그럼 자바스크립트에서 공개와 비공개 스태틱 멤버를 구현하는 방법을 살펴보자.

공개 스태틱 멤버

자바스크립트에는 스태틱 멤버를 표기하는 별도의 문법이 존재하지 않는다. 그러나 생성자에 프로퍼티를 추가함으로써 클래스 기반 언어와 동일한 문법을 사용할 수 있다. 생성자도 다른 함수와 마찬가지로 객체이고 그 자신의 프로퍼티를 가질 수 있기 때문에 이러한 구현이 가능하다. 앞 장에서 다룬 메모이제이션 패턴도 이처럼 함수에 프로퍼티를 추가하는 개념에 착안한 것이다.

다음 예제는 Gadget이라는 생성자에 스태틱 메서드인 isShiny()와 일반적인 인스턴스 메서드인 setPrice()를 정의한 것이다. isShiny()는 특정 Gadget 객체를 필요로 하지 않기 때문에 스태틱 메서드라 할 수 있다. 모든 Gadget이 빛나는지 알아내는 데는 특정한 하나의 Gadget이 필요하지 않은 것과 같다. 반면 개별 Gadget들의 가격은 다를 수 있기 때문에 setPrice() 메서드를 쓰려면 객체가 필요하다.

```
// 생성자
var Gadget = function () {};

// 스태틱 메서드
Gadget.isShiny = function () {
    return "you bet";
};

// 프로토타입에 일반적인 함수를 추가했다.
Gadget.prototype.setPrice = function (price) {
    this.price = price;
};
```

이제 이 메서드를 호출해보자. 스태틱 메서드인 isShiny()는 생성자를 통해 직접 호출되지만, 일반적인 메서드는 인스턴스를 통해 호출된다.

```
// 스태틱 메서드를 호출하는 방법
Gadget.isShiny(); // "you bet"

// 인스턴스를 생성한 후 메서드를 호출한다.
var iphone = new Gadget();
iphone.setPrice(500);
```

인스턴스 메서드를 스태틱 메서드와 같은 방법으로 호출하면 동작하지 않는다. 스태틱 메서드 역시 인스턴스인 iphone 객체를 사용해 호출하면 동작하지 않는다.

```
typeof Gadget.setPrice; // "undefined"
typeof iphone.isShiny; // "undefined"
```

스태틱 메서드가 인스턴스를 통해 호출했을 때도 동작한다면 편리한 경우가 있을 수 있다. 이 때는 간단하게 프로토타입에 새로운 메서드를 추가하는 것만으로 쉽게 구현할 수 있다. 이 새로운 메서드는 원래의 스태틱 메서드를 가리키는 일종의 퍼사드(façade) 역할을 한다.

```
Gadget.prototype.isShiny = Gadget.isShiny;
iphone.isShiny(); // "you bet"
```

이런 경우에는 스태틱 메서드 안에서 this를 사용할 때 주의를 기울여야 한다. Gadget.isShiny()를 호출했을 때 isShiny() 내부의 this는 Gadget 생성자를 가리키지만, iphone.isShiny()를 호출했을 때는 this가 iphone을 가리키게 된다.

마지막으로 스태틱한 방법으로도, 스태틱하지 않은 방법으로도 호출될 수 있는 어떤 메서드를 호출 방식에 따라 살짝 다르게 동작하게 하는 예제를 살펴보자. 메서드가 어떻게 호출되었는지 판별하기 위해서 instanceof 연산자를 활용한다.

```
// 생성자
var Gadget = function (price) {
    this.price = price;
};

// 스태틱 메서드
Gadget.isShiny = function () {

    // 다음은 항상 동작한다.
    var msg = "you bet";
```

```
        if (this instanceof Gadget) {
            // 다음은 스태틱하지 않은 방식으로 호출되었을 때만 동작한다.
            msg += ", it costs $" + this.price + '!';
        }

        return msg;
    };

    // 프로토타입에 일반적인 메서드를 추가한다.
    Gadget.prototype.isShiny = function () {
        return Gadget.isShiny.call(this);
    };
```

스태틱 메서드 호출을 테스트해보면 다음과 같은 결과가 나온다

```
    Gadget.isShiny(); // "you bet"
```

인스턴스를 통해 스태틱하지 않은 방법으로 호출해보면 다음과 같은 결과가 나온다.

```
    var a = new Gadget('499.99');
    a.isShiny(); // "you bet, it costs $499.99!"
```

비공개 스태틱 멤버

지금까지는 공개 스태틱 멤버를 살펴보았다. 이번에는 비공개 스태틱 멤버를 구현하는 방법을 알아보자. 비공개 스태틱 멤버란 다음과 같은 의미를 가진다.

- 동일한 생성자 함수로 생성된 객체들이 공유하는 멤버다.
- 생성자 외부에서는 접근할 수 없다.

Gadget 생성자 안에 counter라는 비공개 스태틱 프로퍼티를 구현하는 예제를 살펴보자. 비공개 프로퍼티에 대해서는 이 장에서 이미 다룬 바 있다. 여기서도 같은 방법을 사용한다. 먼저 클로저 함수를 만들고, 비공개 멤버를 이 함수로 감싼 후, 이 함수를 즉시 실행한 결과로 새로운 함수를 반환하게 한다. 반환되는 함수는 Gadget 변수에 할당되어 새로운 생성자가 될 것이다.

```
    var Gadget = (function () {

        // 스태틱 변수/프로퍼티
        var counter = 0;

        // 생성자의 새로운 구현 버전을 반환한다.
```

```
    return function () {
        console.log(counter += 1);
    };
}()); // 즉시 실행한다.
```

새로운 Gadget 생성자는 단순히 비공개 counter 값을 증가시켜 출력한다. 몇 개의 인스턴스를 만들어 테스트해보면 실제로 모든 인스턴스가 동일한 counter 값을 공유하고 있음을 확인할 수 있다.

```
var g1 = new Gadget(); // 1이 출력된다.
var g2 = new Gadget(); // 2가 출력된다.
var g3 = new Gadget(); // 3이 출력된다.
```

객체당 1씩 counter를 증가시키고 있기 때문에 이 스태틱 프로퍼티는 Gadget 생성자를 통해 생성된 개별 객체의 유일성을 식별하는 ID가 될 수 있다. 유일한 식별자는 쓸모가 많으니 특권 메서드로 노출시켜도 좋지 않을까? 앞선 예제에 덧붙여 비공개 스태틱 프로퍼티에 접근할 수 있는 getLastId()라는 특권 메서드를 추가해보자.

```
// 생성자
var Gadget = (function () {

    // 스태틱 변수/프로퍼티
    var counter = 0,
        NewGadget;

    // 이 부분이 생성자를 새롭게 구현한 부분이다.
    NewGadget = function () {
        counter += 1;
    };

    // 특권 메서드
    NewGadget.prototype.getLastId = function () {
        return counter;
    };

    // 생성자를 덮어쓴다.
    return NewGadget;

}()); // 즉시 실행한다.
```

새로운 버전을 테스트해보자.

```
var iphone = new Gadget();
iphone.getLastId(); // 1
```

```
var ipod = new Gadget();
ipod.getLastId(); // 2
var ipad = new Gadget();
ipad.getLastId(); // 3
```

공개/비공개 스태틱 프로퍼티는 상당히 편리하다. 특정 인스턴스에 한정되지 않는 메서드와 데이터를 담을 수 있고 인스턴스별로 매번 재생성되지도 않는다. 7장에서 싱글톤 패턴을 다룰 때, 클래스 형태의 싱글톤 생성자를 구현하기 위해 스태틱 프로퍼티를 사용하는 예제를 살펴볼 것이다.

5.7 객체 상수

자바스크립트에는 상수가 없지만 대다수 최신 브라우저 환경에서는 const 문을 통해 상수를 생성할 수 있다.

흔히 사용되는 우회적인 방법으로, 명명 규칙을 사용하여 값이 변경되지 말아야 하는 변수명을 모두 대문자로 쓰기도 한다. 이 규칙은 실제로 자바스크립트 내장 객체에서도 사용된다.

```
Math.PI; // 3.141592653589793
Math.SQRT2; // 1.4142135623730951
Number.MAX_VALUE; // 1.7976931348623157e+308
```

사용자 정의 상수에도 동일한 명명 규칙을 적용하여, 생성자 함수에 스태틱 프로퍼티로 추가하면 된다.

```
// 생성자
var Widget = function () {
    // 생성자의 구현내용...
};

// 상수
Widget.MAX_HEIGHT = 320;
Widget.MAX_WIDTH = 480;
```

객체 리터럴로 생성한 객체에도 동일한 명명 규칙을 적용할 수 있다. 즉 대문자로 쓴 일반적인 프로퍼티를 상수로 간주하는 것이다.

실제로도 값이 변경되지 않게 하고 싶다면, 비공개 프로퍼티를 만든 후, 값을 설정하는 메서드(setter) 없이 값을 반환하는 메서드(getter)만 제공하는 방법도 고려해

볼 만하다. 그러나 대부분의 경우에는 단순히 명명 규칙만으로도 충분하기 때문에 이 방법은 좀 과도할 수 있다.

이어질 예제는 다음과 같은 메서드를 제공하는 범용 constant 객체를 구현한 것이다.

set(name, value)

새로운 상수를 정의한다.

isDefined(name)

특정 이름의 상수가 있는지 확인한다.

get(name)

상수의 값을 가져온다.

이 예제에서는 상수 값으로 원시 데이터 타입만 허용된다. 또한 선언하려는 상수의 이름이 toString이나 hasOwnProperty 등 내장 프로퍼티의 이름과 겹치지 않도록 보장하기 위해 hasOwnProperty()를 사용한 별도의 확인 작업을 거친다. 마지막으로 모든 상수의 이름 앞에 임의로 생성된 접두어를 붙인다.

```javascript
var constant = (function () {
    var constants = {},
        ownProp = Object.prototype.hasOwnProperty,
        allowed = {
            string: 1,
            number: 1,
            boolean: 1
        },
        prefix = (Math.random() + "_").slice(2);
    return {
        set: function (name, value) {
            if (this.isDefined(name)) {
                return false;
            }
            if (!ownProp.call(allowed, typeof value)) {
                return false;
            }
            constants[prefix + name] = value;
            return true;
        },
        isDefined: function (name) {
            return ownProp.call(constants, prefix + name);
```

```
        },
        get: function (name) {
            if (this.isDefined(name)) {
                return constants[prefix + name];
            }
            return null;
        }
    };
}());
```

테스트해보자.

```
// 이미 정의되었는지 확인한다.
constant.isDefined("maxwidth"); // false

// 정의한다.
constant.set("maxwidth", 480); // true

// 정의되었는지 다시 확인해본다.
constant.isDefined("maxwidth"); // true

// 다시 정의를 시도해본다.
constant.set("maxwidth", 320); // false

// 값은 그대로인가?
constant.get("maxwidth"); // 480
```

5.8 체이닝 패턴

체이닝 패턴이란 객체에 연쇄적으로 메서드를 호출할 수 있도록 하는 패턴이다. 즉 여러 가지 동작을 수행할 때, 먼저 수행한 동작의 반환 값을 변수에 할당한 후 다음 작업을 할 필요가 없기 때문에, 호출을 여러 줄에 걸쳐 쪼개지 않아도 된다.

```
myobj.method1("hello").method2().method3("world").method4();
```

만약 메서드에 의미있는 반환 값이 존재하지 않는다면, 현재 작업중인 객체 인스턴스인 this를 반환하게 한다. 이렇게 하면 객체의 사용자는 앞선 메서드에 이어 다음 메서드를 바로 호출할 수 있다.

```
var obj = {
    value: 1,
    increment: function () {
        this.value += 1;
        return this;
    },
```

```
    add: function (v) {
        this.value += v;
        return this;
    },
    shout: function () {
        alert(this.value);
    }
};

// 메서드 체이닝 호출
obj.increment().add(3).shout(); // 5
// 위와 달리 메서드를 하나씩 호출하려면 다음과 같이 해야 한다.
obj.increment();
obj.add(3);
obj.shout(); // 5
```

체이닝 패턴의 장단점

체이닝 패턴을 사용하면 코드량이 줄고 코드가 좀더 간결해져 거의 하나의 문장처럼 읽히게 할 수 있다는 장점이 있다.

또 체이닝 패턴을 통해 함수를 쪼개는 방법을 생각하게 되고, 혼자서 너무 많은 일을 처리하려는 함수보다는 좀더 작고 특화된 함수를 만들게 된다. 장기적으로는 이런 방법을 통해 유지보수가 개선된다.

그러나 이렇게 작성된 코드는 디버깅하기가 어렵다. 코드의 어느 라인에서 에러가 발생했는지 알아내더라도, 그 라인에서 수행하는 일이 너무 많을 수 있기 때문이다. 여러 개의 메서드 중 하나가 실패해버리면, 실패한 메서드가 어느 것인지 알아내기가 어렵다. 『Clean Code』의 저자 로버트 마틴은 이러한 상황을 '열차 사고' 패턴이라 불렀다.[1]

어쨌거나 이 패턴을 알아두면 도움이 된다. 어떤 메서드가 명백히 의미있는 반환 값을 가지지 않는다면 항상 this를 반환하게 하는 것이다. 이 패턴은 jQuery 라이브러리 등에서 널리 사용된다. DOM API를 들여다보면, DOM의 요소들도 체이닝 패턴을 사용하는 경향이 있음을 알 수 있다.

```
document.getElementsByTagName('head')[0].appendChild(newnode);
```

---

1 (옮긴이) 번역서는 『완벽한 코드 작성을 위한 클린 코드』(케이앤피IT, 2010)이다.

5.9 method() 메서드

클래스 관점에서 생각하는 데 익숙한 개발자에게 자바스크립트는 좀 혼란스러운 언어일 수 있다. 그래서 어떤 개발자들은 자바스크립트를 좀더 클래스 기반의 방식으로 만들려고 애쓴다. 더글라스 크록포드가 고안한 method() 메서드라는 개념도 이러한 시도 중 하나다. 후에 더글라스 크록포드는 자바스크립트를 클래스 기반의 방식으로 만드는 것이 권할 만한 접근 방법은 아니라고 인정한 바 있지만, 그럼에도 불구하고 이 패턴은 매우 흥미로우며, 다른 애플리케이션 코드에서 만나게 될 수도 있다.

생성자 본문 내에서 인스턴스 프로퍼티를 추가할 수 있다는 점에서, 생성자 함수의 사용법은 자바에서 클래스를 사용하는 것과 비슷하다. 그러나 this에 인스턴스 메서드를 추가하게 되면 인스턴스마다 메서드가 재생성되어 메모리를 잡아먹기 때문에 비효율적이다. 따라서 재사용 가능한 메서드는 생성자의 prototype 프로퍼티에 추가되어야 한다. 그런데 prototype이란 것이 다른 개발자들에게는 낯선 개념일 수 있기 때문에, method()라는 메서드 속에 숨겨두는 것이다.

언어에 장식적으로 추가한 달콤한 편의 기능을 가리켜 종종 '문법 설탕' 또는 더 줄여서 '설탕'이라는 표현을 사용하기도 한다. 여기서는 method()라는 메서드를 '설탕 메서드'라고 할 수 있다.

method()라는 문법 설탕을 사용해 '클래스'를 정의하는 방법은 다음과 같다.

```
var Person = function (name) {
    this.name = name;
}.
    method('getName', function () {
        return this.name;
    }).
    method('setName', function (name) {
        this.name = name;
        return this;
    });
```

생성자에 연이어 method()가 호출되고, 계속해서 그 다음 method() 호출이 이어지는 데 유의하라. 이 예제는 앞서 설명한 체이닝 패턴을 따르고 있다. 덕분에 '클래스' 전체를 하나의 명령문으로 정의했다.

method()는 두 개의 매개변수를 받는다.

- 새로운 메서드의 이름
- 메서드의 구현내용

그런 다음 새로운 메서드가 Person이라는 '클래스'에 추가된다. 구현 내용이란 곧 또다른 함수를 말한다. 짐작할 수 있다시피 이 함수 안에서 this는 Person 생성자로 생성한 객체를 가리키게 된다.

Person()을 사용해 새로운 객체를 생성하는 방법은 다음과 같다.

```
var a = new Person('Adam');
a.getName(); // 'Adam'
a.setName('Eve').getName(); // 'Eve'
```

또다시 체이닝 패턴이 사용되었다. setName()에서 this를 반환하기 때문에 가능한 일이다.

method() 메서드의 구현은 다음과 같다.

```
if (typeof Function.prototype.method !== "function") {
    Function.prototype.method = function (name, implementation) {
        this.prototype[name] = implementation;
        return this;
    };
}
```

위의 구현을 보면, 먼저 해당 메서드가 이미 구현되어 있는지 확인하고 있다. 구현되어 있지 않다면 진행을 계속해, implementation이라는 인자로 전달된 함수를 생성자의 프로토타입에 추가한다. 여기서는 this가 생성자 함수를 가리키기 때문에 생성자 함수의 프로토타입이 확장된다.

5.10 요약

이 장에서는 객체 리터럴과 생성자 함수에서 더 나아가 객체를 생성하는 다양한 패턴들을 살펴보았다.

먼저 전역 공간을 깨끗하게 유지하고 코드를 구조화하여 정리하도록 도와주는 네임스페이스 패턴을 살펴보았다. 간단하면서도 놀랄 만큼 유용한 의존 관계 선언

패턴도 살펴보았다. 그리고 비공개 패턴을 자세히 살펴보면서, 비공개 멤버, 특권 메서드, 비공개 멤버를 구현할 때 신경써야 할 경우들, 객체 리터럴을 사용하면서 비공개 멤버를 구현하는 방법, 비공개 메서드를 공개 메서드처럼 노출하는 방법 등을 다루었다. 이 모든 패턴들이 강력하고 대중적인 모듈 패턴의 기본 원칙들이다.

그 다음에는 긴 네임스페이스의 대안으로 샌드박스 패턴을 살펴보았다. 이를 통해 자신의 코드와 모듈에 독자적인 실행 환경을 부여할 수 있었다.

논의를 마무리하면서 객체 상수와 공개/비공개 스태틱 멤버, 체이닝 패턴과 함께 흥미로운 method() 메서드를 자세히 살펴보았다.

6장

JAVASCRIPT PATTERNS

코드 재사용 패턴

코드 재사용은 중요하면서도 흥미로운 주제다. 단순하게 말해서 여러분 혹은 다른 사람들이 이미 작성해놓은 기존 코드를 최대한 재활용하고, 새로 작성하는 코드는 최소화하려고 노력하는 것이 당연하기 때문이다. 기존의 코드가 훌륭하고, 테스트를 마쳤고, 유지보수 및 확장하기 좋고, 문서화되어 있는 경우라면 더욱 그렇다.

코드 재사용에 있어 가장 먼저 떠오르는 건 상속이다. 이번 장도 상속에 상당량을 할애했다. 클래스 방식의 상속과 그렇지 않은 상속 몇 가지를 살펴볼 것이다. 그러나 궁극적인 목표를 잊지 말아야 한다. 우리는 코드를 재사용하고자 하는 것이다. 상속은 목표에 이르는 하나의 방법(수단)이지 유일한 방법은 아니다. 다른 객체와 합성하는 방법, 믹스-인 객체를 사용하는 방법, 기술적으로는 어떤 것도 영구히 상속하지 않으면서 필요한 기능만 빌려와서 재사용하는 방법 등을 살펴볼 것이다.

코드 재사용 작업에 접근할 때, GoF(Gang of Four)의 충고를 가슴에 새겨두자. '클래스 상속보다 객체 합성을 우선시하라'

6.1 클래스 방식 vs. 새로운 방식의 상속 패턴

자바스크립트에서 상속이란 주제를 다룰 때 '클래스 방식의(classical) 상속'이라는 용어를 자주 듣게 된다. 먼저 '클래스 방식'이라는 말의 의미부터 명확히 해보자.[1] 이

---

1 (옮긴이) 영어로는 '고전적인' 또는 '전형적인'이라는 뜻으로 해석된다.

말은 고전적이고 정착된 어떤 것 또는 일을 수행하는 적절한 방식으로 널리 받아들여진 것이라는 의미로 사용되는 게 아니다. 그저 '클래스'라는 말에 조금 장난을 친 것 뿐이다.

대다수 프로그래밍 언어는 객체의 설계도로 클래스라는 개념을 가지고 있다. 자바와 같은 언어들에서는 모든 객체가 어떤 클래스의 인스턴스이며, 클래스 없이는 객체를 생성할 수 없다. 자바스크립트에는 클래스가 없기 때문에 클래스의 인스턴스라는 개념도 잘 들어맞지 않는다. 자바스크립트의 객체는 단순히 키-값의 쌍들일 뿐이며 언제든지 생성하고 변경할 수 있다.

그러나 자바스크립트의 생성자 함수와 new 연산자 문법은 클래스를 사용하는 문법과 매우 닮아있다.

자바에서는 다음과 같이 쓸 수 있다.

```
Person adam = new Person();
```

자바스크립트에서는 이렇게 쓸 수 있다.

```
var adam = new Person();
```

자바가 엄격한 타입의 언어이기 때문에 adam을 Person 타입으로 선언해야 한다는 점을 빼면 문법은 똑같이 생겼다. 자바스크립트의 생성자 호출을 보면 Person이 클래스인 것 같지만, Person이 여전히 보통의 함수라는 사실을 잊지 말아야 한다. 문법상의 유사성 때문에 많은 개발자들이 자바스크립트를 클래스 관점에서 생각하고 클래스를 전제한 상속 패턴을 발전시켜 왔다. 이러한 구현 방법을 '클래스 방식'이라고 부를 수 있을 것이다. 클래스에 대해 생각할 필요가 없는 나머지 모든 패턴은 '새로운 방식'이라고 부르도록 하겠다.

프로젝트에 상속 패턴을 도입하는 데는 몇 가지 선택지가 있을 수 있다. 그러나 클래스가 전혀 관련되지 않는다는 사실을 팀원들이 정말로 불편해하는 게 아니라면, 항상 새로운 방식의 패턴을 선택해야 한다.

이 장에서는 먼저 클래스 방식의 패턴을 살펴보고 새로운 방식의 패턴으로 옮겨갈 것이다.

6.2 클래스 방식의 상속을 사용할 경우 예상되는 산출물

클래스 방식의 상속을 구현할 때의 목표는 Child()라는 생성자 함수로 생성된 객체들이 다른 생성자 함수인 Parent()의 프로퍼티를 가지도록 하는 것이다.

 클래스 방식의 패턴을 살펴보고 있지만 '클래스'라는 용어는 피하기로 하겠다. '생성자 함수' 또는 '생성자'라고 말하면, 좀 길어지기는 하지만 좀더 정확하고 덜 애매하다. 팀 내에서 의사소통할 때도 '클래스'라는 말을 빼도록 전반적으로 노력하라. 자바스크립트에서 이 말은 사람마다 다르게 이해할 소지가 있기 때문이다.

Parent() 생성자와 Child() 생성자를 정의한 예제는 다음과 같다.

```
// 부모 생성자
function Parent(name) {
    this.name = name || 'Adam';
}

// 생성자의 프로토타입에 기능을 추가한다.
Parent.prototype.say = function () {
    return this.name;
};

// 아무 내용이 없는 자식 생성자
function Child(name) {}

// 여기서 상속의 마법이 일어난다.
inherit(Child, Parent);
```

부모 생성자와 자식 생성자가 있고, 부모 생성자의 프로토타입에 say()라는 메서드를 추가했다. 그리고 상속을 처리하는 inherit() 함수를 호출했다. inherit() 함수는 언어에 내장되어 있지 않기 때문에 직접 구현해야 한다. 이제 이 함수의 범용적인 구현 방법을 몇 가지 살펴보자.

6.3 클래스 방식의 상속 패턴 #1 – 기본 패턴

가장 널리 쓰이는 기본적인 방법은 Parent() 생성자를 사용해 객체를 생성한 다음, 이 객체를 Child()의 프로토타입에 할당하는 것이다. 재사용 가능한 inherit() 함수의 첫 번째 구현 예제는 다음과 같다.

```
function inherit(C, P) {
    C.prototype = new P();
}
```

여기서는 prototype 프로퍼티가 함수가 아니라 객체를 가리키게 하는 것이 중요하다. 즉 프로토타입이 부모 생성자 함수 자체가 아니라 부모 생성자 함수로 생성한 객체 인스턴스를 가리켜야 한다. 달리 말하면 new 연산자에 주의를 기울여라. 이 패턴이 제대로 동작하려면 이 연산자가 반드시 필요하다.

이렇게 구현한 후에 애플리케이션에서 new Child()를 사용해 객체를 생성하면, 프로토타입을 통해 Parent() 인스턴스의 기능을 물려받게 된다. 다음 예제를 보자.

```
var kid = new Child();
kid.say(); // "Adam"
```

프로토타입 체인 추적

이 패턴을 사용하면 부모 객체의 프로토타입에 추가된 프로퍼티와 메서드(위 예제에서 say())들과 함께, 부모 객체 자신의 프로퍼티(this에 추가된 인스턴스 프로퍼티, 위 예제에서는 name)도 모두 물려받게 된다.

이 상속 패턴에서 프로토타입 체인이 어떻게 동작하는지 찬찬히 살펴보자. 논의상의 편의를 위해 객체를 메모리 어딘가에 위치한 하나의 블록으로 생각해보자. 이 블록에는 데이터와 함께 다른 블록에 대한 참조를 담을 수 있다. new Parent()를 사용해 객체를 생성하면, 이러한 블록을 하나 만들게 된다. (그림 6-1의 2번 블록) 이 블록에는 name 프로퍼티에 대한 데이터가 담겨져 있다. (new Parent).say() 등의 형태로 say() 메서드에 접근을 시도하면, 2번 블록에는 해당 메서드가 없다. 하지만 Parent() 생성자 함수의 프로토타입 프로퍼티를 가리키는 __proto__라는 숨겨진 링크를 통해, say() 메서드를 알고 있는 1번 블록(Parent.prototype)에 접근할 수 있다. 내부적으로 일어나는 이 과정에 대해 걱정할 필요는 없지만, 이 과정이 어떻게 진행되는지, 그리고 접근하려는 또는 수정하려는 데이터가 어디에 있는지를 알아두는 것이 중요하다. 여기서 __proto__는 프로토타입 체인을 설명하기 위해 사용했다. 이 프로퍼티는 파이어폭스와 같은 일부 환경에서 쓸 수 있기는 해도 언어 자체에 내장된 것은 아니다.

그림 6-1 Parent() 생성자의 프로토타입 체인

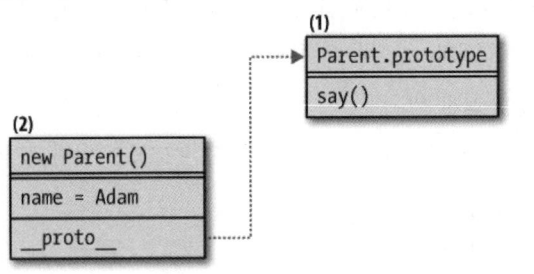

inherit() 함수를 사용한 후 var kid = new Child()로 새로운 객체를 생성하면 어떤 일이 벌어지는지 보자. 그림 6-2에 다이어그램이 나와있다.

그림 6-2 상속된 후의 프로토타입 체인

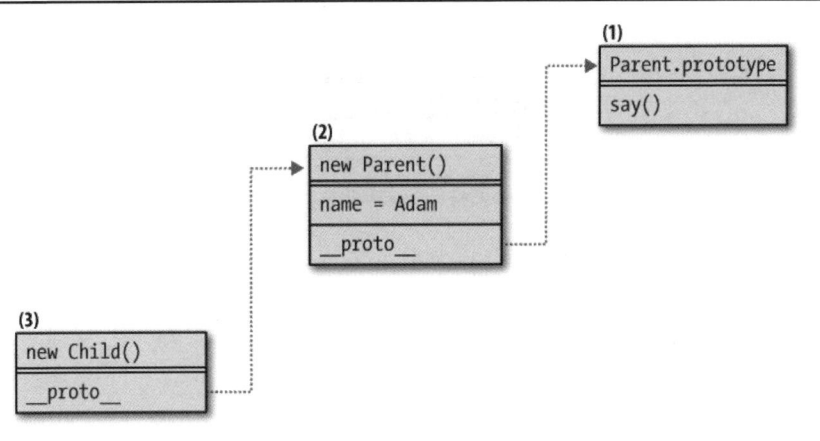

Child() 생성자는 텅 비어 있고 Child.prototype에는 아무런 프로퍼티도 추가되지 않았다. 따라서 new Child()로 생성된 객체 역시 __proto__라는 숨겨진 링크 빼고는 텅 비어 있다. 여기서 __proto__는 inherit() 함수 안에서 생성된 new Parent() 객체를 가리킨다.

그렇다면 kid.say()를 실행시키면 어떻게 될까? 3번 블록의 객체에는 그런 메서드가 없기 때문에 프로토타입 체인을 따라 2번 객체를 탐색한다. 2번 객체에도 역시 해당하는 메서드가 없으므로 프로토타입 체인을 따라 1번 객체까지 거슬러 올라가게 된다. 1번 객체는 이 메서드를 가지고 있고, 이 안에는 this.name에 대한 참조가 들어 있다. 참조된 값을 찾기 위해 다시 탐색을 시작해야 한다. 이때 this는 3번 객체를 가리키는데 3번 객체는 name을 가지고 있지 않다. 2번 객체에서 찾아본 결과 "Adam"이라는 값을 얻게 된다.

마지막으로 한 단계 더 살펴보겠다. 다음과 같은 코드가 있다고 가정하자.

```
var kid = new Child();
kid.name = "Patrick";
kid.say(); // "Patrick"
```

그림 6-3은 이 때 프로토타입 체인의 모습을 보여준다.

그림 6-3 상속 후 자식 객체에 프로퍼티를 추가했을 때의 프로토타입 체인

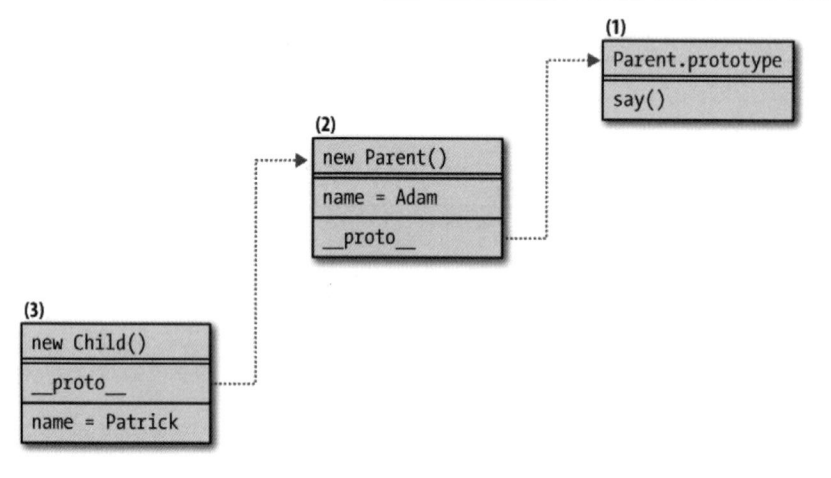

kid.name 값을 지정하면 2번 객체의 name 프로퍼티 값을 변경하는 것이 아니라 3번 kid 객체에서 직접 자신의 프로퍼티를 생성하게 된다. kid.say()를 실행하면 앞서와 마찬가지로 3번 객체, 2번 객체, 마지막 1번 객체 순으로 say 메서드를 탐색한다. 이번에는 this.name(즉 kid.name)을 3번 객체에서 바로 찾을 수 있기 때문에 빠르게 탐색된다.

delete kid.name으로 새로운 프로퍼티를 삭제하면, 그 다음 탐색시에는 2번 객체의 name 프로퍼티까지 다시 거슬러 올라가게 된다.

패턴 #1의 단점

이 패턴의 단점 중 하나는 부모 객체의 this에 추가된 객체 자신의 프로퍼티와 프로토타입 프로퍼티를 모두 물려받게 된다는 점이다. 대부분의 경우 객체 자신의 프로퍼티는 특정 인스턴스에 한정되어 재사용할 수 없기 때문에 필요가 없다.

 재사용 가능한 멤버는 프로토타입에 추가해야 한다는 것이 구성 요소를 만드는 일반 원칙이다.

범용 inherit() 함수는 인자를 처리하지 못하는 문제도 가지고 있다. 즉 자식 생성자에 인자를 넘겨도 부모 생성자에게 전달하지 못한다. 다음 예제와 같은 경우를 생각해보자:

```
var s = new Child('Seth');
s.say(); // "Adam"
```

이런 결과를 기대하진 않았을 것이다. 자식 객체가 부모 생성자에 인자를 전달하는 방법도 있겠지만, 이 방법은 자식 인스턴스를 생성할 때마다 상속을 실행해야 하기 때문에, 결국 부모 객체를 계속해서 재생성하는 셈이고, 따라서 매우 비효율적이다.

6.4 클래스 방식의 상속 패턴 #2 – 생성자 빌려쓰기

이번에 살펴볼 패턴은 자식에서 부모로 인자를 전달하지 못했던 패턴 #1의 문제를 해결한다. 이 패턴은 부모 생성자 함수의 this에 자식 객체를 바인딩한 다음, 자식 생성자가 받은 인자들을 모두 넘겨준다.

```
function Child(a, c, b, d) {
    Parent.apply(this, arguments);
}
```

이렇게 하면 부모 생성자 함수 내부의 this에 추가된 프로퍼티만 물려받게 된다. 프로토타입에 추가된 멤버는 상속되지 않는다.

생성자 빌려쓰기 패턴을 사용하면, 자식 객체는 상속된 멤버의 복사본을 받게 된다. 클래스 방식의 패턴 #1에서 자식 객체가 상속된 멤버의 참조를 물려받은 것과는 다르다. 예제를 통해 차이점을 확인해보자.

```
// 부모 생성자
function Article() {
    this.tags = ['js', 'css'];
}
var article = new Article();

// 클래스 방식의 패턴 #1을 사용해 article 객체를 상속하는 blog 객체를 생성한다.
function BlogPost() {}
BlogPost.prototype = article;
var blog = new BlogPost();
// 여기서는 이미 인스턴스가 존재하기 때문에 'new Article()'을 쓰지 않았다.

// 생성자 빌려쓰기 패턴을 사용해 article을 상속하는 page 객체를 생성한다.
function StaticPage() {
    Article.call(this);
}
var page = new StaticPage();

alert(article.hasOwnProperty('tags')); // true
alert(blog.hasOwnProperty('tags')); // false
alert(page.hasOwnProperty('tags')); // true
```

위 예제에서 부모인 Article()에 대한 상속은 두 가지 방식으로 이루어진다. 기본 패턴을 적용한 blog 객체는 tags를 자기 자신의 프로퍼티로 가진 것이 아니라 프로토타입을 통해 접근하기 때문에 hasOwnProperty()로 확인하면 false가 반환된다. 그러나 생성자만 빌려쓰는 방식으로 상속받은 page 객체는 부모의 tags 멤버에 대한 참조를 얻는 것이 아니라 복사본을 얻게 되므로 자기 자신의 tags 프로퍼티를 가진다.

상속된 tags 프로퍼티를 수정할 때의 차이점을 살펴보자.

```
blog.tags.push('html');
page.tags.push('php');
alert(article.tags.join(', ')); // "js, css, html"
```

blog 객체가 tags 프로퍼티를 수정하면 동시에 부모의 멤버도 수정된다. 본질적으로 blog.tags와 article.tags는 동일한 배열을 가리키고 있기 때문이다. 그러나 page.tags에 적용된 변경 사항은 부모인 article에 영향을 미치지 않는다. page.tags는 상속 과정에서 별개로 생성된 복사본이기 때문이다.

프로토타입 체인

앞서 사용했던 Parent()와 Child() 생성자에 이 패턴을 적용했을 때 프로토타입 체인은 어떤 모습이 되는지 살펴보자. 새로운 패턴을 적용하기 위해 Child()를 약간 수정할 것이다.

```
// 부모 생성자
function Parent(name) {
    this.name = name || 'Adam';
}

// 프로토타입에 기능을 추가한다.
Parent.prototype.say = function () {
    return this.name;
};

// 자식 생성자
function Child(name) {
    Parent.apply(this, arguments);
}

var kid = new Child("Patrick");
kid.name; // "Patrick"
typeof kid.say; // "undefined"
```

그림 6-4를 보면 새로 생성된 Child 객체와 Parent 사이에 링크가 존재하지 않는

그림 6-4 생성자 빌려쓰기 패턴을 적용한 경우 연결고리가 유지되지 않는 프로토타입 체인

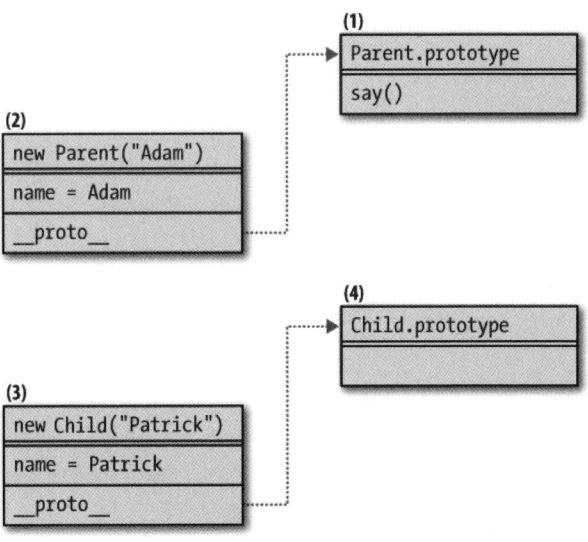

것을 볼 수 있다. Child.prototype은 전혀 사용되지 않았기 때문에 그냥 빈 객체를 가리키고 있다. 이 패턴을 적용하면 kid는 자기 자신의 name 프로퍼티를 가지지만 수 있지만 say() 메서드는 상속받을 수 없다. 따라서 say()를 호출하려고 하면 에러가 발생한다. 여기서의 상속은 부모가 가진 자신만의 프로퍼티를 자식의 프로퍼티로 복사해주는 일회성 동작이며, __proto__라는 링크는 유지되지 않는다.

생성자 빌려쓰기를 적용한 다중 상속

생성자 빌려쓰기 패턴을 사용하면, 생성자를 하나 이상 빌려쓰는 다중 상속을 구현할 수 있다.

```javascript
function Cat() {
    this.legs = 4;
    this.say = function () {
        return "meaowww";
    }
}

function Bird() {
    this.wings = 2;
    this.fly = true;
}

function CatWings() {
    Cat.apply(this);
    Bird.apply(this);
}

var jane = new CatWings();
console.dir(jane);
```

위 코드의 결과는 그림 6-5에 나와있다. 중복 프로퍼티가 존재한다면 마지막 프로퍼티 값으로 덮어쓰게 된다.

그림 6-5 파이어버그에서 검사한 CatWings 객체

fly	true
legs	4
wings	2
say	function()

생성자 빌려쓰기 패턴의 장단점

프로토타입이 전혀 상속되지 않는다는 점은 분명히 이 패턴의 한계라 할 수 있다. 앞서 말했듯이 재사용되는 메서드와 프로퍼티는 인스턴스별로 재생성되지 않도록 프로토타입에 추가해야 하기 때문이다.

반면 부모 생성자 자신의 멤버에 대한 복사본을 가져올 수 있다는 것은 장점이다. 이 덕분에 자식이 실수로 부모의 프로퍼티를 덮어쓰는 위험을 방지할 수 있다.

그렇다면 자식이 프로토타입 프로퍼티를 상속받게 하려면 어떻게 해야 할까? 앞선 예제에서 kid 객체가 say() 메서드에 접근할 수 있으려면? 다음에 소개할 패턴은 이 문제에 대한 해결 방법을 제시한다.

6.5 클래스 방식의 상속 패턴 #3 – 생성자 빌려쓰고 프로토타입 지정 해주기

앞선 두 패턴을 결합해보자. 먼저 부모 생성자를 빌려온 후, 자식의 프로토타입이 부모 생성자를 통해 생성된 인스턴스를 가리키도록 지정한다.

```
function Child(a, c, b, d) {
    Parent.apply(this, arguments);
}
Child.prototype = new Parent();
```

이렇게 하면 자식 객체는 부모가 가진 자신만의 프로퍼티의 복사본을 가지게 되는 동시에, 부모의 프로토타입 멤버로 구현된 재사용가능한 기능들에 대한 참조 또한 물려받게 된다. 자식이 부모 생성자에 인자를 넘길 수도 있다. 자바에서 예상할 수 있는 동작 방식에 가장 근접한 패턴이라고 할 수 있을 것이다. 즉 부모가 가진 모든 것을 상속하는 동시에, 부모의 프로퍼티를 덮어쓸 위험 없이 자신만의 프로퍼티를 마음놓고 변경할 수 있다.

부모 생성자를 비효율적으로 두 번 호출하는 점은 단점일 수 있다. 우리가 살펴본 예제에서 name 의 경우와 같이, 부모가 가진 자신만의 프로퍼티는 두 번 상속된다.

코드를 살펴보면서 몇 가지 테스트를 해보자.

```
// 부모 생성자
function Parent(name) {
    this.name = name || 'Adam';
}
```

```
// 프로토타입에 기능을 추가한다
Parent.prototype.say = function () {
    return this.name;
};

// 자식 생성자
function Child(name) {
    Parent.apply(this, arguments);
}
Child.prototype = new Parent();

var kid = new Child("Patrick");
kid.name; // "Patrick"
kid.say(); // "Patrick"
delete kid.name;
kid.say(); // "Adam"
```

이전 패턴과는 달리 이제 say() 메서드는 제대로 상속되었다. name이 두 번 상속
된 것도 확인할 수 있다. 즉 자식이 복사본으로 가지고 있는 name을 삭제한 후에
도 프로토타입 체인을 통해 name에 접근할 수 있다.

그림 6-6은 객체 간 관계가 어떻게 작동하는지 보여준다.

그림 6-6 부모 자신의 멤버도 상속되고 프로토타입 체인도 유지되었다.

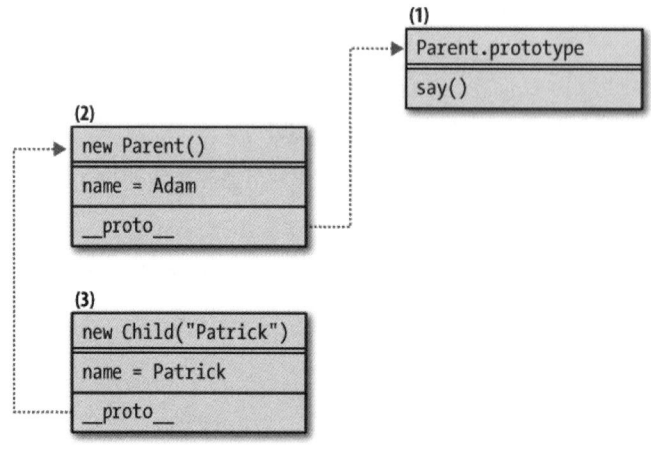

6.6 클래스 방식의 상속 패턴 #4 – 프로토타입 공유

앞서 살펴본 클래스 방식의 상속 패턴에서 부모 생성자를 두 번 호출한 것과는 달리, 이번에 살펴볼 패턴은 부모 생성자를 한번도 호출하지 않는다.

원칙적으로 재사용할 멤버는 this가 아니라 프로토타입에 추가되어야 한다. 따라서 상속되어야 하는 모든 것들도 프로토타입 안에 존재해야 한다. 그렇다면 부모의 프로토타입을 똑같이 자식의 프로토타입으로 지정하기만 하면 될 것이다.

```
function inherit(C, P) {
    C.prototype = P.prototype;
}
```

모든 객체가 실제로 동일한 프로토타입을 공유하게 되므로 프로토타입 체인 검색은 짧고 간단해진다. 그러나 여기에도 단점은 있다. 상속 체인의 하단 어딘가에 있는 자식이나 손자가 프로토타입을 수정할 경우, 모든 부모와 손자뻘의 객체에 영향을 미치기 때문이다.

그림 6-7을 보면, 부모와 자식 객체가 모두 동일한 프로토타입을 공유하며 say() 메서드에도 똑같은 접근 권한을 가진다. 그러나 자식 객체는 name 프로퍼티를 물려받지 않는다.

그림 6–7 동일한 프로토타입을 공유하는 관계

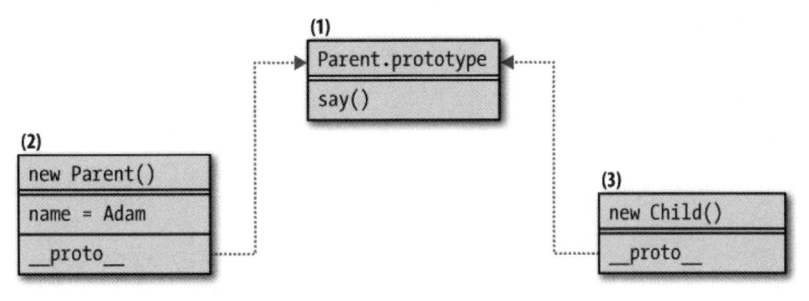

6.7 클래스 방식의 상속패턴 #5 - 임시 생성자

다음 패턴은 프로토타입 체인의 이점은 유지하면서, 동일한 프로토타입을 공유할 때의 문제를 해결하기 위해 부모와 자식의 프로토타입 사이에 직접적인 링크를 끊는다.

패턴의 구현은 아래 나와 있다. 빈 함수 F()가 부모와 자식 사이에서 프록시 (proxy) 기능을 맡는다. F()의 prototype 프로퍼티는 부모의 프로토타입을 가리킨다. 이 빈 함수의 인스턴스가 자식의 프로토타입이 된다.

```
function inherit(C, P) {
    var F = function () {};
    F.prototype = P.prototype;
    C.prototype = new F();
}
```

이 패턴은 클래스 방식의 첫 번째 패턴인 기본 패턴과 약간 다르게 동작한다. 여기서는 자식이 프로토타입의 프로퍼티만을 물려받기 때문이다. (그림 6-8을 보라.)

그림 6-8 임시(프록시) 생성자 F()를 활용한 클래스 방식의 상속

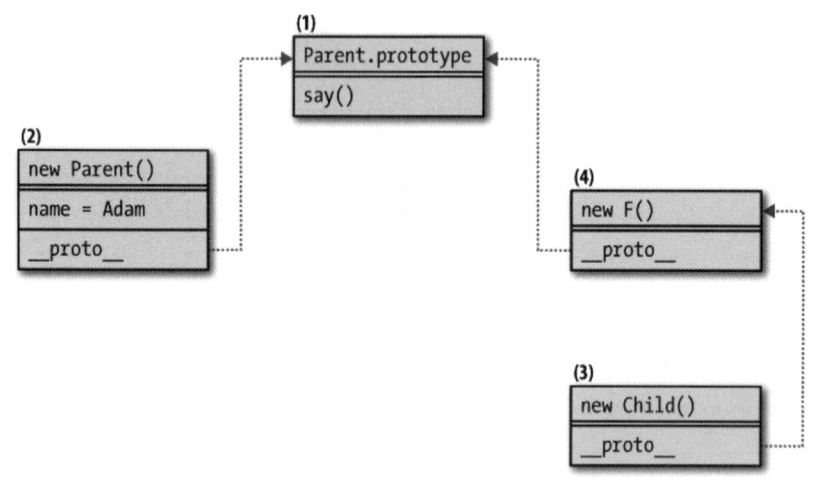

대부분의 경우에는 이 상황이 문제되지 않는다. 사실 더 나은 방법이다. 프로토타입은 재사용 가능한 기능을 모아두는 장소이기 때문이다. 이 패턴에 따르면 부모 생

성자에서 this에 추가한 멤버는 상속되지 않는다.

자식 객체를 생성하여 이 동작 방식을 점검해보자.

```
var kid = new Child();
```

kid.name에 접근하면 undefined라는 값을 얻게 될 것이다. name은 부모 자신의 프로퍼티인데, 상속 과정에서 new Parent()를 호출한 적이 없기 때문에 이 프로퍼티는 생성조차 되지 않았다. kid.say()에 접근하면 3번 블록에서는 찾을 수 없기 때문에 프로토타입 체인을 따라 탐색이 시작된다. 4번 블록 역시 이 메서드를 갖고 있지 않다. 1번 블록은 이 메서드를 갖고 있다. Parent()를 상속하는 모든 생성자와 이를 통해 생성되는 모든 객체들은 똑같이 이 지점에서 이 메서드를 사용하게 된다. 즉, 메모리상의 위치는 동일하다.

상위 클래스 저장

이 패턴을 기반으로 하여, 부모 원본에 대한 참조를 추가할 수도 있다. 다른 언어에서 상위 클래스에 대한 접근 경로를 가지는 것과 같은 기능으로, 경우에 따라 매우 편리하게 쓸 수 있다.

이 프로퍼티는 uber라고 부를 것이다. 'super'는 예약어고, 'superclass'라는 용어를 사용하면 잘 모르는 개발자들이 자바스크립트에 클래스가 있다고 오해할 수 있기 때문이다. 개선안을 적용한 코드는 다음과 같다.

```
function inherit(C, P) {
    var F = function () {};
    F.prototype = P.prototype;
    C.prototype = new F();
    C.uber = P.prototype;
}
```

생성자 포인터 재설정

이미 거의 완벽에 가까운 클래스 방식의 상속 함수에 마지막으로 한 가지를 더 추가해보자. 나중을 위해 생성자 함수를 가리키는 포인터를 재설정하는 것이다.

생성자 포인터를 재설정하지 않으면 모든 자식 객체들의 생성자는 Parent()로 지정돼 있을 것이고, 이런 상황은 유용성이 떨어진다. 앞서 나온 inherit()를 사용하면 다음과 같은 동작 방식을 볼 수 있다.

```
// 부모와 자식을 두고 상속관계를 만든다.
function Parent() {}
function Child() {}
inherit(Child, Parent);

// 생성자를 확인해본다.
var kid = new Child();
kid.constructor.name; // "Parent"
kid.constructor === Parent; // true
```

constructor 프로퍼티는 자주 사용되진 않지만 런타임 객체 판별에 유용하다. 거의 정보성으로만 사용되는 프로퍼티이기 때문에, 원하는 생성자 함수를 가리키도록 재설정해도 기능에는 영향을 미치지 않는다.

클래스 방식의 상속 패턴을 완결하는 최종 버전은 다음과 같다.

```
function inherit(C, P) {
    var F = function () {};
    F.prototype = P.prototype;
    C.prototype = new F();
    C.uber = P.prototype;
    C.prototype.constructor = C;
}
```

YUI 라이브러리에는 (아마 다른 라이브러리도 마찬가지겠지만) 이처럼 클래스가 없는 언어에 클래스 방식의 상속을 구현해주는 함수가 존재한다. 프로젝트에 가장 적합한 방식이라 생각되면 이런 함수를 활용하면 된다.

 이 패턴은 프록시 함수 또는 프록시 생성자 활용 패턴으로 불리기도 한다. 임시 생성자가 결국은 부모의 프로토타입을 가져오는 프록시로 사용되기 때문이다.

이 최종 버전에 대한 일반적인 최적화 방안은 상속이 필요할 때마다 임시 (프록시) 생성자가 생성되지 않게 하는 것이다. 임시 생성자는 한 번만 만들어두고 임시 생성자의 프로토타입만 변경해도 충분하다. 즉시 실행 함수를 활용하면 프록시 함수를 클로저 안에 저장할 수 있다.

```
var inherit = (function () {
    var F = function () {};
    return function (C, P) {
        F.prototype = P.prototype;
        C.prototype = new F();
```

```
        C.uber = P.prototype;
        C.prototype.constructor = C;
    }
}());
```

6.8 Klass

많은 자바스크립트 라이브러리가 새로운 문법 설탕을 도입하여 클래스를 흉내낸다. 각 구현은 다르지만 공통점을 뽑아보면 다음과 같은 것들이 있다.

- 클래스의 생성자라고 할 수 있는 메서드에 대한 명명 규칙이 존재한다. 이 메서드들은 자동으로 호출되며, initialize, _init 등의 이름을 가진다.
- 클래스는 다른 클래스로부터 상속된다.
- 자식 클래스 내부에서 부모 클래스(상위 클래스)에 접근할 수 있는 경로가 존재한다.

 이 절에서만큼은 '클래스'라는 단어를 자유롭게 사용하도록 하겠다. 이 절의 주제가 클래스를 모방하는 것이기 때문이다.

자세한 세부 사항으로 들어가기 전에, 자바스크립트에서 클래스를 모방한 구현 예제를 살펴보자. 첫째로, 사용자 입장에서의 사용법은 어떨까?

```
var Man = klass(null, {
    __construct: function (what) {
        console.log("Man's constructor");
        this.name = what;
    },
    getName: function () {
        return this.name;
    }
});
```

여기서 문법 설탕은 klass()라는 이름의 함수 형태로 등장한다. 다른 구현 사례를 보면 이 함수 대신 Klass()라는 생성자 함수를 사용하거나 Object.prototype을 확장해서 사용하기도 하는데, 이 예제에서는 일단 간단한 함수로 진행하겠다.

이 함수는 두 개의 매개변수를 받는다. 하나는 상속할 부모 클래스이고, 다른 하나는 객체 리터럴 형식으로 표기된 새로운 클래스의 구현이다. PHP에서 가져온 명명 규칙을 적용하여 클래스의 생성자 메서드는 반드시 __construct로 이름을 정하기로 하자. 앞선 예제에서는 Man이라는 새로운 클래스가 생성되었고 아무 것도 상속받지 않는다. (그렇다면 내부적으로는 Object를 상속받게 될 것이다.) Man 클래스는 __construct 안에서 생성된 자신만의 프로퍼티인 name과 함께 getName()이라는 메서드를 가진다. 클래스란 결국 생성자 함수이기 때문에 다음 코드도 잘 동작한다. (보기에도 클래스의 인스턴스를 만드는 것과 똑같이 생겼다.)

```
var first = new Man('Adam'); // "Man's constructor"가 출력된다.
first.getName(); // "Adam"
```

자 이제 이 클래스를 상속받아 SuperMan 클래스를 만들어보자.

```
var SuperMan = klass(Man, {
    __construct: function (what) {
        console.log("SuperMan's constructor");
    },
    getName: function () {
        var name = SuperMan.uber.getName.call(this);
        return "I am " + name;
    }
});
```

klass()에 전달되는 첫 번째 매개변수는 상속받을 Man 클래스다. getName() 함수를 잘 살펴보라. SuperMan의 uber(수퍼) 스태틱 프로퍼티를 사용하여 부모 클래스의 getName() 함수를 먼저 호출했다. 테스트해보자.

```
var clark = new SuperMan('Clark Kent');
clark.getName(); // "I am Clark Kent"
```

첫 번째 줄에서는 "Man's constructor"가 출력된 다음 "Superman's constructor"가 출력된다. 일부 언어에서 자식의 생성자가 호출될 때마다 자동으로 부모의 생성자가 호출되는 동작 방식까지 모방해 본 것이다.

instanceof 연산자가 기대되는 결과를 반환하는지 테스트해보자.

```
clark instanceof Man; // true
clark instanceof SuperMan; // true
```

마지막으로 klass() 함수가 어떤 식으로 구현될 수 있는지 살펴보자.

```
var klass = function (Parent, props) {
```

```
    var Child, F, i;

    // 1.
    // 새로운 생성자
    Child = function () {
        if (Child.uber && Child.uber.hasOwnProperty("__construct")) {
            Child.uber.__construct.apply(this, arguments);
        }
        if (Child.prototype.hasOwnProperty("__construct")) {
            Child.prototype.__construct.apply(this, arguments);
        }
    };

    // 2.
    // 상속
    Parent = Parent || Object;
    F = function () {};
    F.prototype = Parent.prototype;
    Child.prototype = new F();
    Child.uber = Parent.prototype;
    Child.prototype.constructor = Child;

    // 3.
    // 구현 메서드를 추가한다
    for (i in props) {
        if (props.hasOwnProperty(i)) {
            Child.prototype[i] = props[i];
        }
    }

    // '클래스'를 반환한다
    return Child;
};
```

klass() 구현은 세 개의 흥미로운 부분으로 나뉜다.

1. Child() 생성자 함수가 생성된다. 마지막에 이 함수가 반환되어 클래스로 사용될 것이다. __construct 메서드가 있다면 이 함수 안에서 호출된다. 그 전에 부모의 __construct가 있다면 uber 스태틱 프로퍼티를 사용하여 호출한다. Man 클래스처럼 별도의 부모 클래스 없이 Object를 상속했다면 uber라는 프로퍼티는 정의되어 있지 않을 수 있다.

2. 두 번째 부분은 상속을 처리한다. 바로 앞 절에서 다룬 클래스 방식의 최종 버전을 사용했다. 유일하게 새로운 점은 상속받을 클래스에 Parent가 존재하지 않을 경우 Object가 지정되도록 한 것이다.

3. 마지막 부분에서는 루프를 돌면서 클래스를 실제로 정의하는 구현 메서드들 (이 예제에서 __construct와 getName 같은 것들)을 Child의 프로토타입에 추가한다.

이런 패턴은 언제 사용해야 하는가? 사실 이런 패턴은 피하는 것이 좋다. 기술적으로는 언어에 존재하지 않는 혼란스러운 개념들을 온통 끌고 들어오기 때문이다. 새로운 문법과 규칙이 추가되고, 이런 것을 학습하고 기억해야 한다. 여러분이나 여러분의 팀이 클래스 개념에는 익숙하지만 프로토타입 개념은 낯설게 생각할 경우 연구해 볼 만 하다. 이 패턴을 사용하면 프로토타입에 대해서는 완전히 잊어버릴 수 있게 된다. 또 문법과 규칙을 비틀어 여러분이 좋아하는 다른 언어와 유사하게 만들어준다.

6.9 프로토타입을 활용한 상속

이제 '프로토타입을 활용한 상속'이라 불리는, 클래스를 사용하지 않는 '새로운' 방식의 패턴을 살펴보자. 이 패턴에서는 클래스를 찾아볼 수 없다. 객체가 객체를 상속받는다. 재사용하려는 객체가 하나 있고, 또다른 객체를 만들어 이 첫 번째 객체의 기능을 가져온다고 생각하면 된다.

방식은 다음과 같다.

```javascript
// 상속해줄 객체
var parent = {
    name: "Papa"
};

// 새로운 객체
var child = object(parent);

// 테스트해보자
alert(child.name); // "Papa"
```

이 코드를 보면, 객체 리터럴로 생성한 parent라는 객체가 있고, parent와 동일한 프로퍼티와 메서드를 가지는 또다른 객체 child를 생성하려 한다. child 객체는 object()라는 함수를 통해 생성했다. 이 함수는 자바스크립트에는 존재하지 않는다. (Object() 함수와 혼동하지 말자.) 이 함수를 어떻게 정의하는지 보자.

클래스 방식의 최종 버전과 비슷하게, 먼저 빈 임시 생성자 함수 F()를 사용한다.

그런 다음 F()의 프로토타입에 parent 객체를 지정한다. 마지막으로 임시 생성자의 새로운 인스턴스를 반환한다.

```
function object(o) {
    function F() {}
    F.prototype = o;
    return new F();
}
```

그림 6-9는 프로토타입을 활용한 상속 패턴의 프로토타입 체인을 보여준다. 여기서 child 객체는 자기 자신의 프로퍼티를 가지지 않는 빈 객체이지만, __proto__ 링크 덕에 parent의 모든 기능을 가지고 있다.

그림 6-9 프로토타입을 활용한 상속 패턴

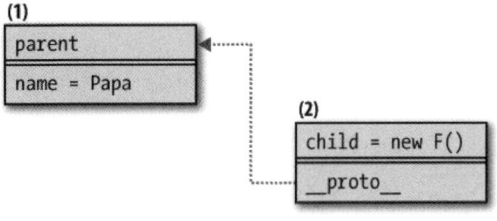

논의

프로토타입을 활용한 상속 패턴에서 부모가 객체 리터럴로 생성되어야만 하는 것은 아니다(흔히 쓰는 방식이긴 하겠지만). 생성자 함수를 통해 부모를 생성할 수도 있다. 이 경우 부모 객체 자신의 프로퍼티와 생성자 함수의 프로토타입에 포함된 프로퍼티가 모두 상속된다는 점도 유의해야 한다.

```
// 부모 생성자
function Person() {
    // 부모 생성자 자신의 프로퍼티
    this.name = "Adam";
}
// 프로토타입에 추가된 프로퍼티
Person.prototype.getName = function () {
    return this.name;
};

// Person 인스턴스를 생성한다.
var papa = new Person();
```

```
// 이 인스턴스를 상속한다.
var kid = object(papa);

// 부모 자기 자신의 프로퍼티와 프로토타입의 프로퍼티가 모두 상속되었는지 확인해보자.
kid.getName(); // "Adam"
```

생성자 함수의 프로토타입 객체만 상속받을 수 있도록 이 패턴을 약간 변형해보자. 부모 객체가 어떻게 생성되었는지와는 상관 없이 객체가 객체를 상속한다는 점에 유념하라. 앞선 예제를 살짝 수정하여 설명하면 다음과 같다.

```
// 부모 생성자
function Person() {
    // 부모 생성자 자신의 프로퍼티
    this.name = "Adam";
}

// 프로토타입에 추가된 프로퍼티
Person.prototype.getName = function () {
    return this.name;
};

// 상속
var kid = object(Person.prototype);

typeof kid.getName; // 이 메서드는 프로토타입 안에 존재하기 때문에 "function"이
출력된다.
typeof kid.name; // 프로토타입만 상속되었기 때문에 "undefined"가 출력된다.
```

ECMAScript 5의 추가사항

ECMAScript 5에서는 프로토타입을 활용한 상속 패턴이 언어의 공식 요소가 되었다. Object.create()가 이 패턴을 구현하고 있다. 즉 object()와 같은 함수를 따로 만들지 않아도 이 기능이 언어에 내장된다.

```
var child = Object.create(parent);
```

Object.create()은 두 번째 선택적 매개변수로 객체를 받는다. 전달된 객체의 프로퍼티는, 반환되는 child 객체 자신의 프로퍼티로 추가된다. 한 번의 메서드 호출로 child 객체의 상속과 정의가 가능하므로 편리하게 쓸 수 있다. 예제를 보자.

```
var child = Object.create(parent, {
    age: { value: 2 } // ECMA 5 기술자(descriptor)
});
child.hasOwnProperty("age"); // true
```

자바스크립트 라이브러리들도 프로토타입을 활용한 상속 패턴을 구현하고 있다. 예를 들어 YUI3에는 Y.Object() 메서드가 있다.

```
YUI().use('*', function (Y) {
    var child = Y.Object(parent);
});
```

6.10 프로퍼티 복사를 통한 상속 패턴

프로토타입을 활용한 또다른 상속 패턴을 살펴보자. 프로퍼티 복사를 통한 상속 패턴은 객체가 다른 객체의 기능을 단순히 복사를 통해 가져온다. extend()라는 견본 함수를 통해 구현 예시를 살펴보자.

```
function extend(parent, child) {
    var i;
    child = child || {};
    for (i in parent) {
        if (parent.hasOwnProperty(i)) {
            child[i] = parent[i];
        }
    }
    return child;
}
```

구현은 간단하다. 부모의 멤버들에 대해 루프를 돌면서 자식에 복사한다. 두 번째 매개변수인 child는 생략 가능하다. 인자가 생략되면 상속을 통해 기존 객체의 기능이 확장되는 대신, 새로운 객체가 생성, 반환된다.

```
var dad = {name: "Adam"};
var kid = extend(dad);
kid.name; // "Adam"
```

이러한 구현을 '얕은 복사(shallow copy)'라고도 한다. 반대로 깊은 복사란, 복사하려는 프로퍼티가 객체나 배열인지 확인해보고, 객체 또는 배열이면 중첩된 프로퍼티까지 재귀적으로 순회하여 복사하는 것을 말한다. 자바스크립트에서 객체는 참조만 전달되기 때문에 얕은 복사를 통해 상속을 실행한 경우, 자식 쪽에서 객체 타입인 프로퍼티 값을 수정하면 부모의 프로퍼티도 수정되어 버린다. 함수 역시 객체이고 참조만 전달되기 때문에, 메서드는 이런 방식으로 복사되는 게 더 좋을 수 있다. 그러나 객체와 배열을 다룰 때는 예기치 못한 결과가 나올 수 있다. 다음 예제를 생각해보자.

```
var dad = {
    counts: [1, 2, 3],
    reads: {paper: true}
};
var kid = extend(dad);
kid.counts.push(4);
dad.counts.toString(); // "1,2,3,4"
dad.reads === kid.reads; // true
```

extend() 함수가 깊은 복사를 수행할 수 있도록 수정해보자. 프로퍼티의 타입이 객체인지 확인한 후, 객체가 맞으면 이 프로퍼티를 재귀적으로 복사하는 기능만 추가하면 된다. 객체가 정말 객체인지 아니면 배열인지에 대한 확인도 필요하다. 3장에서 사용한 '배열인지 판별하는 방법'을 사용하자. 깊은 복사를 수행하는 버전의 extend()는 다음과 같다.

```
function extendDeep(parent, child) {
    var i,
        toStr = Object.prototype.toString,
        astr = "[object Array]";

    child = child || {};

    for (i in parent) {
        if (parent.hasOwnProperty(i)) {
            if (typeof parent[i] === "object") {
                child[i] = (toStr.call(parent[i]) === astr) ? [] : {};
                extendDeep(parent[i], child[i]);
            } else {
                child[i] = parent[i];
            }
        }
    }
    return child;
}
```

새로운 구현 방법으로 객체가 진짜 복사되어 자식 객체가 부모를 덮어쓰지 않는지 확인해보자.

```
var dad = {
    counts: [1, 2, 3],
    reads: {paper: true}
};
var kid = extendDeep(dad);
```

```
kid.counts.push(4);
kid.counts.toString(); // "1,2,3,4"
dad.counts.toString(); // "1,2,3"

dad.reads === kid.reads; // false
kid.reads.paper = false;
kid.reads.web = true;
dad.reads.paper; // true
```

이 프로퍼티 복사 패턴은 매우 간단하고 널리 사용된다. 파이어버그(자바스크립트로 작성된 파이어폭스 확장 기능)는 얕은 복사를 수행하는 extend()라는 메서드를 가지고 있고, jQuery의 extend() 메서드는 깊은 복사를 수행한다. YUI3의 Y.clone() 메서드는 깊은 복사를 수행하면서 함수도 복사하여 자식 객체와 바인딩해준다. (바인딩에 대해서는 이 장 뒷부분에서 더 자세히 다룰 것이다.)

이 패턴은 프로토타입과 전혀 관련이 없다는 점에 주의하라. 그저 객체와 프로퍼티만을 다루고 있다.

6.11 믹스-인

프로퍼티를 복사하는 아이디어를 한 단계 더 발전시켜 '믹스-인' 패턴을 생각해보자. 하나의 객체를 복사하는 게 아니라 여러 객체에서 복사해온 것을 한 객체 안에 섞어넣을 수도 있을 것이다.

구현 방법은 간단하다. 함수에 인자로 전달된 객체들을 받아 루프를 돌면서 모든 프로퍼티를 복사하면 된다.

```
function mix() {
    var arg, prop, child = {};
    for (arg = 0; arg < arguments.length; arg += 1) {
        for (prop in arguments[arg]) {
            if (arguments[arg].hasOwnProperty(prop)) {
                child[prop] = arguments[arg][prop];
            }
        }
    }
    return child;
}
```

범용 믹스-인 함수에 여러 개의 객체를 넘기면, 이 객체들의 모든 프로퍼티를 가진 새로운 객체가 반환될 것이다. 사용법은 다음과 같다.

```
var cake = mix(
    {eggs: 2, large: true},
    {butter: 1, salted: true},
    {flour: "3 cups"},
    {sugar: "sure!"}
);
```

그림 6-10은 파이어버그 콘솔에 console.dir(cake)을 실행해, 위에서 믹스-인으로
생성된 cake 객체의 프로퍼티들을 표시한 결과다.

그림 6-10 파이어버그에서 cake 객체 검사

butter	1
eggs	2
flour	"3 cups"
large	true
salted	true
sugar	"sure!"

 믹스-인 개념이 공식적으로 내장된 언어에 익숙하다면, 부모에 수정을 가할 경우 자
식에도 영향을 미치는 결과를 기대할지도 모르겠다. 그러나 이 구현 방법에서 그런
결과는 나오지 않는다. 단순히 루프를 돌고, 프로퍼티를 복사한 것 뿐이기 때문에 부
모들과의 연결 고리는 끊어진 상태다.

6.12 메서드 빌려쓰기

어떤 객체에서 메서드 한두 개만 마음에 드는 경우가 있다. 이 메서드들을 재사용하
고 싶지만 이 객체와 부모-자식 관계까지 만들고 싶지는 않다. 쓸 일이 없는 모든 메
서드를 상속받지 않고 원하는 메서드만 골라서 사용하고 싶다면 메서드 빌려쓰기
패턴을 사용하면 된다. 이 패턴은 함수의 메서드인 call()과 apply()를 활용한다. 이
책에서도 이미 이 패턴을 다루었다. 이 장에서만 해도 extendDeep() 구현에서 활용
한 바 있다.

알다시피 자바스크립트에서 함수는 객체이며 자신만의 재미있는 메서드를 가지고
있다. call()이나 apply()는 이런 함수의 메서드 중 하나로, call()은 호출할 함수에
전달할 매개변수를 별개의 인자들로 받고 apply()는 배열로 받는다는 점이 다르다.

이 메서드를 사용해 다른 객체의 기능을 빌려올 수 있다.

```
// call() 예제
notmyobj.doStuff.call(myobj, param1, p2, p3);
// apply() 예제
notmyobj.doStuff.apply(myobj, [param1, p2, p3]);
```

myobj라는 객체가 있고 notmyobj라는 객체는 doStuff라는 유용한 메서드를 가지고 있다고 하자. 상속을 거쳐 myobj가 필요하지 않은 모든 메서드를 물려받기보다는, 간단히 doStuff() 메서드만 일시적으로 빌려써보자.

call이나 apply에 객체와 매개변수를 전달하면, 빌려쓰려는 메서드의 this에 매개변수로 전달한 객체가 바인딩된다. 다시 말하면 매개변수로 전달한 객체가 잠시 동안 메서드의 주인 객체처럼 행세하게 되는 것이다. 마치 상속세를 내지 않고 상속을 받는 것과 같다. (여기서 상속세란 필요 없는 프로퍼티와 메서드까지 물려받게 되는 걸 말한다.)

예제: 배열 메서드 빌려쓰기

이 패턴은 배열 메서드를 빌려오는 데 많이 사용된다.

배열은 유용한 메서드를 많이 갖고 있다. 따라서 arguments와 같이 배열과 비슷한 객체들이 배열의 slice() 같은 메서드를 빌려쓸 수 있다. 다음 예제를 보자.

```
function f() {
    var args = [].slice.call(arguments, 1, 3);
    return args;
}

// 예제
f(1, 2, 3, 4, 5, 6); // [2,3]이 반환된다.
```

이 예제에서는 배열의 메서드를 사용하기 위해 빈 배열을 생성했다. 좀더 길게 쓰자면, Array.prototype.slice.call(...)을 사용하여 Array의 프로토타입에서 직접 메서드를 빌려올 수 있다. 이렇게 하면 코드는 약간 더 길어지지만, 빈 배열을 만드는 작업을 생략할 수 있다.

빌려쓰기와 바인딩

call()이나 apply()를 사용하거나 단순한 할당을 통해 메서드를 빌려오게 되면, 빌려온 메서드 안에서 this가 가리키는 객체는 호출식에 따라 정해지게 된다. 그러나 어떤 경우에는 this 값을 '고정'시키거나, 특정 객체에 바인딩되도록 처음부터 정해놓는 것이 최선일 때가 있다.

예제를 보자. one이라는 객체가 있고 이 객체는 say()라는 메서드를 가진다.

```javascript
var one = {
    name: "object",
    say: function (greet) {
        return greet + ", " + this.name;
    }
};

// 테스트
one.say('hi'); // "hi, object"
```

또다른 객체 two는 say() 메서드를 갖고 있지 않지만 one에서 빌려올 수 있다.

```javascript
var two = {
    name: "another object"
};

one.say.apply(two, ['hello']); // "hello, another object"
```

위 예제에서는 say() 내부의 this가 two를 가리키고 있기 때문에 this.name은 "another object"가 된다. 그런데 이 함수 포인터가 전역 객체를 가리키게 될 경우에는 어떻게 될까? 이 함수를 콜백 함수로 전달하는 경우에는? 수많은 이벤트와 콜백 함수가 존재하는 클라이언트 측 프로그래밍에서는 이런 일이 자주 일어난다.

```javascript
// 함수를 변수에 할당하면 함수 안의 this는 전역 객체를 가리키게 된다.
var say = one.say;
say('hoho'); // "hoho, undefined"

// 콜백 함수로 전달한 경우
var yetanother = {
    name: "Yet another object",
    method: function (callback) {
        return callback('Hola');
    }
};
yetanother.method(one.say); // "Holla, undefined"
```

앞의 예제에서 두 가지 경우 모두, say() 안의 this가 전역 객체를 가리키기 때문에 코드가 제대로 동작하지 않는다. 메서드와 객체를 묶어놓기 위해서는 (달리 말해, 바인딩하기 위해서) 다음과 같은 간단한 함수를 사용할 수 있다.

```
function bind(o, m) {
    return function () {
        return m.apply(o, [].slice.call(arguments));
    };
}
```

이 bind() 함수는 o라는 객체와 m이라는 메서드를 인자로 받은 다음, 이 둘을 바인딩한 새로운 함수를 반환하다. 반환되는 새로운 함수는 클로저를 통해 o와 m에 접근할 수 있다. 따라서 bind()에서 함수를 반환한 다음에도, 내부 함수는 원본 객체를 가리키는 o와 원본 메서드를 가리키는 m에 접근할 수 있다. bind()를 사용하여 새로운 함수를 생성해보자.

```
var twosay = bind(two, one.say);
twosay('yo'); // "yo, another object"
```

보다시피 twosay()는 전역 함수로 생성되었지만, this가 전역 객체를 가리키지 않고 bind()에 전달된 two 객체를 가리킨다. twosay() 함수를 어떻게 호출하든, this는 항상 two에 바인딩되어 있을 것이다.

클로저 하나가 추가로 사용된 것이 이 바인딩을 유지하는 데 드는 비용이라고 할 수 있다.

Function.prototype.bind()

ECMAScript 5에서는 Function.prototype에 bind() 메서드가 추가되어, apply()나 call()과 마찬가지로 쉽게 사용할 수 있다. 따라서 다음과 같은 표현식이 가능하다.

```
var newFunc = obj.someFunc.bind(myobj, 1, 2, 3);
```

이 코드는 myobj와 someFunc()를 바인딩하며, someFunc()에 넘겨줄 세 개의 인자도 먼저 채워놓았다. 즉 4장에서 다룬 부분적인 함수 애플리케이션 패턴을 응용한 것이다.

ES 5가 구현되지 않은 환경에서 프로그램을 실행할 때는 Function.prototype. bind()를 어떻게 구현할 수 있는지 살펴보자.

```
if (typeof Function.prototype.bind === "undefined") {
    Function.prototype.bind = function (thisArg) {
        var fn = this,
            slice = Array.prototype.slice,
            args = slice.call(arguments, 1);
```

```
            return function () {
                return fn.apply(thisArg, args.concat(slice.
call(arguments)));
            };
    };
}
```

이 구현 방법은 아마 눈에 익을 것이다. 먼저 부분적 애플리케이션을 활용했다. 또한 bind()에 전달된 인자와, bind()에서 반환된 새로운 함수가 나중에 호출될 때 전달받는 인자 목록을 이어붙이는 방법도 사용하고 있다. 사용법은 다음과 같다.

```
var twosay2 = one.say.bind(two);
twosay2('Bonjour'); // "Bonjour, another object"
```

이 예에서는 bind()에 바인딩할 객체 외에는 아무 것도 전달하지 않았다. 다음 예제에서는 부분적으로 적용할 인자를 전달한다.

```
var twosay3 = one.say.bind(two, 'Enchanté');
twosay3(); // "Enchanté, another object"
```

6.13 요약

자바스크립트에는 상속에 관한 다양한 선택지가 존재한다. 이 다양한 패턴들을 학습하고 이해하면, 언어 자체를 이해하는 데도 큰 도움이 된다. 이 장에서는 상속을 실행하는 클래스 방식의 패턴 몇 가지와 새로운 방식의 패턴 몇 가지를 살펴보았다.

하지만 상속은 개발 중에 자주 맞닥뜨리는 문제는 아닐지 모른다. 사용하고 있는 라이브러리에 의해서, 또는 다른 어떤 방식으로든 이 문제가 이미 해결되었기 때문일 수도 있고, 자바스크립트에서 길고 복잡한 상속 체인을 수립해야 하는 경우가 드물기 때문일 수도 있다. 정적이고 엄격한 타입의 언어에서는 상속이 코드를 재사용하는 유일한 방법이다. 하지만 자바스크립트에서는 훨씬 간단하고 우아한 방법을 활용할 수 있다. 즉 메서드를 빌려오거나, 메서드와 객체를 바인딩하거나, 프로퍼티를 복사하거나, 여러 객체의 프로퍼티를 섞을 수 있다.

목표는 코드를 재사용하는 것이고, 상속은 이 목표를 달성하는 여러 가지 방법 중 하나에 불과하다는 것을 기억하라.

7장

J A V A S C R I P T   P A T T E R N S

디자인 패턴

GoF 책에서 다뤄진 디자인 패턴은 객체 지향적인 소프트웨어 설계에 관련된 일반적인 문제에 대한 해답을 제시한다. 디자인 패턴은 꽤 오랫동안 쓰여왔고, 다양한 상황에서 유용성이 입증되었다. 따라서 디자인 패턴에 대해 이야기하는 데 친숙해지는 것이 좋다.

디자인 패턴은 특정 언어에 한정되거나 구현 방법이 정해져있는 것은 아니다. 하지만 주로 C++나 자바 같은 엄격한 자료형의 정적 클래스 기반 언어의 관점에서 수년간 연구되어 왔다.

자바스크립트는 느슨한 자료형의 동적 프로토타입 기반 언어이기 때문에, 일부 디자인 패턴은 놀라울 정도로 쉽게, 심지어 아주 간단한 방법으로 구현할 수 있다.

이제 예제를 통해 정적 클래스 기반 언어와 자바스크립트가 어떤 점에서 다른지 살펴보자. 싱글톤 패턴으로 시작한다.

7.1 싱글톤(Singleton)

싱글톤 패턴은 특정 클래스의 인스턴스를 오직 하나만 유지한다. 즉 동일한 클래스를 사용하여 새로운 객체를 생성하면, 두 번째부터는 처음 만들어진 객체를 얻게 된다.

그렇다면 자바스크립트에 싱글톤 패턴을 어떻게 적용할 수 있을까? 자바스크립트에는 클래스가 없고 오직 객체만 있다. 새로운 객체를 만들면 실제로 이 객체는 다른 어떤 객체와도 같지 않기 때문에 이미 싱글톤이다. 객체 리터럴로 만든 단순한 객체 또한 싱글톤의 예다.

```
var obj = {
    myprop: 'my value'
};
```

자바스크립트에서 객체들은 동일한 객체가 아니고서는 절대로 같을 수 없다. 완전히 같은 멤버를 가지는 똑같은 객체를 만들더라도, 이전에 만들어진 객체와 동일하지는 않다.

```
var obj2 = {
    myprop: 'my value'
};
obj === obj2; // false
obj == obj2; // false
```

따라서 객체 리터럴을 이용해 객체를 생성할 때마다 사실은 싱글톤을 만드는 것이고, 싱글톤을 만들기 위한 별도의 문법이 존재하지 않는다고 할 수 있다.

자바스크립트의 문맥에서 '싱글톤'이라고 얘기하는 것은, 때로는 5장에서 다루었던 모듈 패턴을 뜻하기도 한다는 사실을 알아두자.

new 사용하기

자바스크립트에는 클래스가 없다. 따라서 말 그대로의 싱글톤이라는 정의는 엄밀히 말하면 이치에 맞지 않다. 그러나 자바스크립트에는 생성자 함수를 사용해 객체를 만드는 new 구문이 있고, 때로는 이 구문을 사용해서 싱글톤을 구현하고자 할 수도 있다. 동일한 생성자로 new를 사용하여 여러 개의 객체를 만들 경우, 실제로는 동일한 객체에 대한 새로운 포인터만 반환하도록 구현하는 것이다.

실용성에 대한 주의 지금부터 다룰 내용은 실질적으로는 그다지 유용하지 않다. 클래스 기반 언어, 즉 함수가 일급 객체가 아닌 정적이고 엄격한 자료형 언어에서 설계상의 문제를 우회하기 위해 고안해 낸 이론적인 해결책을 모방해보는 것에 불과하다.

다음의 코드는 우리가 기대하는 동작 방식을 보여준다(우주는 여러 개가 아니라 단 하나만 존재한다는 믿음을 전제하고 있다).

```
var uni = new Universe();
var uni2 = new Universe();
uni === uni2; // true
```

이 예제에서, uni는 생성자가 처음으로 호출되었을 때에만 생성된다. 두 번째로 (그리고 세 번째, 네번째 또는 그 이상) 호출되었을 때에는 동일한 uni 객체가 반환된다. uni === uni2인 것은 이 때문이다. 이 변수들은 사실 동일한 객체를 가리키는 참조일 뿐이다. 그러면 자바스크립트에서는 어떻게 이러한 결과를 얻을 수 있을까?

객체의 인스턴스인 this가 생성되면 Universe 생성자가 이를 캐시한 후, 그 다음번에 생성자가 호출되었을 때 캐시된 인스턴스를 반환하게 하면 된다. 여기에는 몇 가지 선택사항이 있다.

- 인스턴스를 저장하기 위해 전역 변수를 사용한다. 일반적인 원칙상 전역 변수 선언은 좋지 않기 때문에 이 방법은 추천하지 않는다. 뿐만 아니라, 누군가 실수로 이 전역 변수를 덮어 쓸 수도 있다. 따라서 이 선택 사항은 더 이상 거론하지 않겠다.
- 생성자의 스태틱 프로퍼티에 인스턴스를 저장한다. 자바스크립트에서 함수는 객체이므로, 프로퍼티를 가질 수 있다. Universe.instance와 같은 프로퍼티에 인스턴스를 저장할 수 있다. 깔끔하고 괜찮은 방법이지만 instance 프로퍼티가 공개되어 있기 때문에, 외부 코드에서 값을 변경하면 인스턴스를 잃어버릴 수 있다는 한 가지 단점이 있다.
- 인스턴스를 클로저로 감싼다. 이 방법은 인스턴스를 비공개로 만들어 생성자 외부에서 수정할 수 없게 해준다. 추가적인 클로저가 필요한 단점이 있다.

두 번째와 세 번째 선택 사항의 구현 예제를 살펴보자.

스태틱 프로퍼티에 인스턴스 저장하기

다음은 Universe 생성자의 스태틱 프로퍼티 내부에 단일 인스턴스를 저장하는 예제이다.

```
function Universe() {

    // 이미 instance가 존재하는가?
    if (typeof Universe.instance === "object") {
```

```
            return Universe.instance;
    }

    // 정상적으로 진행한다.
    this.start_time = 0;
    this.bang = "Big";

    // 인스턴스를 캐시한다.
    Universe.instance = this;

    // 함축적인 반환:
    // return this;
}

// 테스트
var uni = new Universe();
var uni2 = new Universe();
uni === uni2; // true
```

보다시피 간단한 방법이다. instance가 공개되어 있다는 게 유일한 단점이다. 다
른 코드가 instance를 실수로 변경하지는 않겠지만 (instance가 전역 변수일 때보
다는 가능성이 낮지만) 여전히 그럴 가능성은 있다.

클로저에 인스턴스 저장하기

클래스 방식의 싱글톤을 만드는 또다른 방법으로 클로저를 사용해 단일 인스턴스를
보호하는 방법이 있다. 5장에서 다루었던 비공개 스태틱 멤버 패턴을 사용해서 이 방
법을 구현할 수 있다. 이 구현의 비기는 생성자를 재작성하는 것이다.

```
function Universe() {

    // 캐싱된 인스턴스
    var instance = this;

    // 정상적으로 진행한다.
    this.start_time = 0;
    this.bang = "Big";

    // 생성자를 재작성한다.
    Universe = function () {
        return instance;
    };
}

// 테스트
var uni = new Universe();
```

```
var uni2 = new Universe();
uni === uni2; // true
```

원본 생성자가 최초로 호출되면 일반적인 방식대로 this를 반환한다. 두 번째, 세
번째 혹은 그 이상 호출되면 재작성된 생성자가 실행된다. 재작성된 생성자는 클로
저를 통해 비공개 instance 변수에 접근하여 이 인스턴스를 반환하기만 한다.

이 구현 방법은 사실 4장에서 다루었던 '자기 자신을 정의하는 함수 패턴'의 또다
른 예제이기도 하다. 단점은, 4장에서 언급한 바와 같이 재작성된 함수(이 예제에서
는 Universe() 생성자)는 재정의 시점 이전에 원본 생성자에 추가된 프로퍼티를 잃
어버린다는 점이다. 앞의 예제에 한정해서 말하자면, Universe()의 프로토타입에 무
언가를 추가해도 원본 생성자로 생성된 인스턴스와 연결되지 않는다.

몇 가지 테스트로 이 문제를 확인해보자.

```
// 프로토타입에 추가한다.
Universe.prototype.nothing = true;

var uni = new Universe();

// 첫 번째 객체가 만들어진 이후
// 다시 프로토타입에 추가한다.
Universe.prototype.everything = true;

var uni2 = new Universe();
```

테스트해 보자.

```
// 원래의 프로토타입만 객체에 연결된다.
uni.nothing; // true
uni2.nothing; // true
uni.everything; // undefined
uni2.everything; // undefined

// 이 구문은 문제가 없어 보인다.
uni.constructor.name; // "Universe"

// 그러나 이상하다.
uni.constructor === Universe; // false
```

uni.contructor가 더이상 Universe() 생성자와 같지 않은 이유는 uni.
constructor가 재정의된 생성자가 아닌 원본 생성자를 가리키고 있기 때문이다.

프로토타입과 생성자 포인터가 제대로 동작해야 하는 것이 요구사항이라면, 몇
가지 간단한 수정으로 이를 만족시킬 수 있다.

```
function Universe() {

    // 캐싱된 인스턴스
    var instance;

    // 생성자를 재작성한다.
    Universe = function Universe() {
        return instance;
    };

    // prototype 프로퍼티를 변경한다.
    Universe.prototype = this;

    // instance
    instance = new Universe();

    // 생성자 포인터를 재지정한다.
    instance.constructor = Universe;

    // 정상적으로 진행한다.
    instance.start_time = 0;
    instance.bang = "Big";

    return instance;
}
```

이제 모든 테스트 케이스는 기대 대로 동작한다.

```
// prototype을 갱신하고 인스턴스를 만든다.
Universe.prototype.nothing = true; // true
var uni = new Universe();
Universe.prototype.everything = true; // true
var uni2 = new Universe();

// 동일한 단일 인스턴스다.
uni === uni2; // true

// 모든 프로토타입 프로퍼티가 언제 선언되었는지와 상관 없이 동작한다.
uni.nothing && uni.everything && uni2.nothing && uni2.everything;
// true
// 일반 프로퍼티도 동작한다.
uni.bang; // "Big"
// constructor도 올바르게 가리킨다.
uni.constructor === Universe; // true
```

또 다른 대안으로 생성자와 인스턴스를 즉시 실행 함수로 감싸는 방법이 있다. 생성자가 최초로 호출되면, 생성자는 객체를 생성하고 비공개 instance를 가리킨다. 두 번째 호출부터는 단순히 비공개 변수를 반환한다. 이전의 코드에서 실행한 모든 테스트는 이 구현 방법에서도 기대에 맞게 동작한다.

```
var Universe;

(function () {

    var instance;

    Universe = function Universe() {

        if (instance) {
            return instance;
        }

        instance = this;

        // 일반적으로  진행한다.
        this.start_time = 0;
        this.bang = "Big";

    };

}());
```

7.2 팩터리(Factory)

팩터리 패턴의 목적은 객체들을 생성하는 것이다. 팩터리 패턴은 흔히 클래스 내부에서 또는 클래스의 스태틱 메서드로 구현되며, 다음과 같은 목적으로 사용된다.

- 비슷한 객체를 생성하는 반복 작업을 수행한다.
- 팩터리 패턴의 사용자가 컴파일 타임에 구체적인 타입(클래스)을 모르고도 객체를 생성할 수 있게 해준다.

두 번째 목적은 정적 클래스 언어에서 특히 중요하다. 이런 언어에서는 (컴파일 타임에) 클래스에 대한 정보 없이 인스턴스를 생성하기 쉽지 않다. 자바스크립트에서는 이를 구현하기가 상당히 쉽다.

팩터리 메서드(또는 클래스)로 만들어진 객체들은 의도적으로 동일한 부모 객체를 상속한다. 즉, 이들은 특화된 기능을 구현하는 구체적인 서브 클래스들이다. 어떤 경우에는 공통의 부모 클래스가 팩터리 메서드를 갖고 있기도 하다.

다음 항목들을 포함하는 구현 예제를 살펴보자.

- CarMaker 생성자 : 공통의 부모
- CarMaker.factory() : car 객체들을 생성하는 스태틱 메서드
- CarMaker.Compact, CarMaker.SUV, CarMaker.Convertible : CarMaker를 상속하는 특화된 생성자. 이 모두는 부모의 스태틱 프로퍼티로 정의되어 전역 네임스페이스를 깨끗하게 유지하며, 필요할 때 쉽게 찾을 수 있다.

먼저 완성된 구현을 어떻게 사용하는지 살펴보자.

```
var corolla = CarMaker.factory('Compact');
var solstice = CarMaker.factory('Convertible');
var cherokee = CarMaker.factory('SUV');
corolla.drive(); // "Vroom, I have 4 doors"
solstice.drive(); // "Vroom, I have 2 doors"
cherokee.drive(); // "Vroom, I have 17 doors"
```

이 부분을 눈여겨보자.

```
var corolla = CarMaker.factory('Compact');
```

이 부분이 아마도 팩터리 패턴에서 가장 특징적인 부분일 것이다. 이 메서드는 런타임시 문자열로 타입을 받아 해당 타입의 객체를 생성하고 반환한다. new와 함께 생성자를 사용하지 않고, 객체 리터럴도 보이지 않는다. 문자열로 식별되는 타입에 기반하여 객체들을 생성하는 함수가 있을 뿐이다.

다음은 이 코드가 동작하게 만드는 팩터리 패턴 구현 예제다.

```
// 부모 생성자
function CarMaker() {}

// 부모의 메서드
CarMaker.prototype.drive = function () {
    return "Vroom, I have " + this.doors + " doors";
};

// 스태틱 factory 메서드
CarMaker.factory = function (type) {
    var constr = type,
        newcar;

    // 생성자가 존재하지 않으면 에러를 발생한다
    if (typeof CarMaker[constr] !== "function") {
        throw {
            name: "Error",
```

```
                    message: constr + " doesn't exist"
        };
    }

    // 생성자의 존재를 확인했으므로 부모를 상속한다.
    // 상속은 단 한번만 실행하도록 한다.
    if (typeof CarMaker[constr].prototype.drive !== "function") {
        CarMaker[constr].prototype = new CarMaker();
    }

    // 새로운 인스턴스를 생성한다.
    newcar = new CarMaker[constr]();

    // 다른 메서드 호출이 필요하면 여기서 실행한 후, 인스턴스를 반환한다.
    return newcar;
};

// 구체적인 자동차 메이커들을 선언한다.
CarMaker.Compact = function () {
    this.doors = 4;
};
CarMaker.Convertible = function () {
    this.doors = 2;
};
CarMaker.SUV = function () {
    this.doors = 24;
};
```

팩터리 패턴을 구현하기는 특별히 어렵지 않다. 요구되는 타입의 객체를 생성하는 생성자 함수를 찾아내기만 하면 된다. 위 예제에서는 객체 타입과 생성자를 짝짓기 위해 간단한 명명 규칙을 사용했다. 여기서는 공통적으로 반복되는 코드를 모든 생성자에서 반복하는 대신 팩터리 메서드 안에 모아놓기 위해 상속을 사용했다. 다른 방법도 있을 수 있다.

내장 객체 팩터리

팩터리 패턴의 실전 예제로 언어에 내장되어 있는 전역 Object() 생성자를 생각해 보자. 이 생성자도 입력 값에 따라 다른 객체를 생성하기 때문에 팩터리처럼 동작한다고 할 수 있다. 숫자 원시 데이터 타입을 전달하면, 이 생성자는 내부적으로 Number() 생성자로 객체를 만든다. 문자열이나 불린 값 또한 동일하게 적용된다. 입력 값이 없거나 어떤 다른 값을 전달하면 일반적인 객체를 생성한다.

몇 가지 예제와 테스트로 동작 방식을 확인해보자. Object는 new를 써서 호출할 수도, 쓰지 않고 호출할 수도 있다는 사실을 알아두자.

```javascript
var o = new Object(),
    n = new Object(1),
    s = Object('1'),
    b = Object(true);

// 테스트
o.constructor === Object; // true
n.constructor === Number; // true
s.constructor === String; // true
b.constructor === Boolean; // true
```

Object()가 팩터리라는 사실은 그다지 실용적인 사용 예제는 아니고, 단지 팩터리 패턴이 실제로 흔히 사용된다는 사실을 보여주는 데 의미가 있다.

7.3 반복자(Iterator)

반복자 패턴에서, 객체는 일종의 집합적인 데이터를 가진다. 데이터가 저장된 내부구조는 복잡하더라도 개별 요소에 쉽게 접근할 방법이 필요할 것이다. 객체의 사용자는 데이터가 어떻게 구조화되었는지 알 필요가 없고 개별 요소로 원하는 작업을 할 수만 있으면 된다.

반복자 패턴에서, 객체는 next() 메서드를 제공한다. next()를 연이어 호출하면 반드시 다음 순서의 요소를 반환해야 한다. 데이터 구조 내에서 '다음 순서'가 무엇을 의미하는지는 여러분에게 달려있다.

agg라는 객체가 있다고 하자. 다음과 같이 단순히 루프 내에서 next()를 호출하여 개별 데이터 요소에 접근할 수 있다.

```javascript
var element;
while (element = agg.next()) {
    // element로 어떤 작업을 수행한다
    console.log(element);
}
```

반복자 패턴에서 객체는 보통 hasNext()라는 편리한 메서드도 제공한다. 객체의 사용자는 이 메서드로 데이터의 마지막에 다다랐는지 확인할 수 있다. hasNext()를 사용하여 모든 요소에 순차적으로 접근하는 방법은 다음과 같다.

```
while (agg.hasNext()) {
    // 다음 요소로 어떤 작업을 수행한다.
    console.log(agg.next());
}
```

사용 예제를 보았으니, agg 객체를 어떻게 구현하는지 살펴보자.

반복자 패턴을 구현할 때, 데이터는 물론 다음에 사용할 요소를 가리키는 포인터(인덱스)도 비공개로 저장해두는 것이 좋다. 예제 구현 방법을 설명하기 위해 데이터는 단순한 보통의 배열이고, 다음번 순서의 요소를 가져오는 next()는 배열 요소를 하나 걸러 반환한다고 가정하자.

```
var agg = (function () {
    var index = 0,
        data = [1, 2, 3, 4, 5],
        length = data.length;

    return {

        next: function () {
            var element;
            if (!this.hasNext()) {
                return null;
            }
            element = data[index];
            index = index + 2;
            return element;
        },

        hasNext: function () {
            return index < length;
        }

    };
}());
```

데이터에 좀더 쉽게 접근하고 여러 차례 반복해 순회할 수 있도록, 다음과 같은 편의 메서드를 추가로 제공할 수 있다.

rewind()
포인터를 다시 처음으로 되돌린다.

current()
현재의 요소를 반환한다. next()는 포인터를 전진시키기 때문에 이 작업을 할 수 없다.

이 메서드들을 구현하기란 전혀 어렵지 않다.

```javascript
var agg = (function () {

    // 생략

    return {

        // 생략

        rewind: function () {
            index = 0;
        },
        current: function () {
            return data[index];
        }

    };
}());
```

이제 반복자를 테스트해보자.

```javascript
// 이 루프는 1, 3, 5를 찍을 것이다.
while (agg.hasNext()) {
    console.log(agg.next());
}

// 처음으로 되돌린다.
agg.rewind();
console.log(agg.current()); // 1
```

실행 결과는 루프를 돌며 콘솔에 1, 3, 5를 찍을 것이다. 그리고 마지막에는 처음으로 되돌린 이후에 1을 찍을 것이다.

7.4 장식자(Decorator)

장식자 패턴을 이용하면 런타임시 부가적인 기능을 객체에 동적으로 추가할 수 있다. 스태틱 클래스에서는 쉽지 않은 작업이지만, 객체를 변형할 수 있는 자바스크립트에서는 객체에 기능을 추가하는 절차에 아무런 문제가 없다.

장식자 패턴의 편리한 특징은 기대되는 행위를 사용자화하거나 설정할 수 있다는 것이다. 처음에는 기본적인 몇 가지 기능을 가지는 평범한 객체로 시작한다. 그런 다음 사용 가능한 장식자들의 풀(pool)에서 원하는 것을 골라 객체에 기능을 덧붙여 간다. 순서가 중요하다면 어떤 순서로 기능을 추가할지도 지정할 수 있다.

사용 방법

장식자 패턴의 사용 방법에 대한 예제를 살펴보자. 어떤 물건을 파는 웹 애플리케이션을 만들고 있다. 각각의 새로운 판매건은 새로운 sale 객체가 된다. sale 객체는 상품의 가격을 알고 있으며 sale.getPrice() 메서드를 호출하면 이 가격을 반환한다. 상황에 따라, 추가 기능으로 이 객체를 장식할 수 있다. 캐나다의 퀘벡 지방에 있는 소비자에게 물건을 판매하는 시나리오를 상상해보자. 이 경우 소비자는 연방세와 퀘벡의 지방세를 지불해야 한다. 장식자 패턴을 따르면, 연방세 장식자와 퀘벡 지방세 장식자로 객체를 '장식한다'고 말할 수 있다. 통화 형식을 지정하는 기능으로 장식할 수도 있다. 이 시나리오는 다음과 같이 표현될 수 있다.

```
var sale = new Sale(100); // 가격은 100달러이다.
sale = sale.decorate('fedtax'); // 연방세를 추가한다.
sale = sale.decorate('quebec'); // 지방세를 추가한다.
sale = sale.decorate('money'); // 통화 형식을 지정한다.
sale.getPrice(); // "$112.88"
```

또 다른 시나리오로 소비자가 지방세가 없는 지역에 있고, 통화 형식은 캐나다 달러 형식으로 하고 싶다고 하자. 그렇다면 다음과 같이 표현할 수 있다.

```
var sale = new Sale(100); // 가격은 100달러이다.
sale = sale.decorate('fedtax'); // 연방세를 추가한다.
sale = sale.decorate('cdn'); // CDN을 사용해 형식을 지정한다.
sale.getPrice(); // "CDN$ 105.00"
```

예제에서 보는 것처럼, 장식자 패턴은 런타임시에 기능을 추가하고 객체를 변경하는 유연한 방법이다. 이 패턴을 구현하기 위한 접근 방법에 대해 알아보도록 하자.

구현

장식자 패턴을 구현하기 위한 한 가지 방법은 모든 장식자 객체에 특정 메서드를 포함시킨 후, 이 메서드를 덮어쓰게 만드는 것이다. 각 장식자는 사실 이전의 장식자로 기능이 추가된 객체를 상속한다. 장식 기능을 담당하는 메서드들은 uber(상속된 객체)에 있는 동일한 메서드를 호출하여 값을 가져온 다음 추가 작업을 덧붙이는 방식으로 진행한다.

결과적으로 첫 번째 예제에서 sale.getPrice()를 호출하면 money 장식자의 동일한 메서드를 호출한 셈이 된다. (그림 7-1 참고) 그러나 각각의 꾸며진 메서드는 우선 부모의 메서드를 호출하기 때문에, money의 getPrice()는 quebec의 getPrice()를 우선 호출하고, 여기서 다시 fedtax의 getPrice()를 호출하는 식으로 차례대로 거슬러올라가게 된다. 이러한 연쇄 호출은 장식이 더해지지 않은, Sale() 생성자에 구현된 원본 getPrice()를 찾아낼 때까지 이어진다.

그림 7-1. 장식자 패턴의 구현

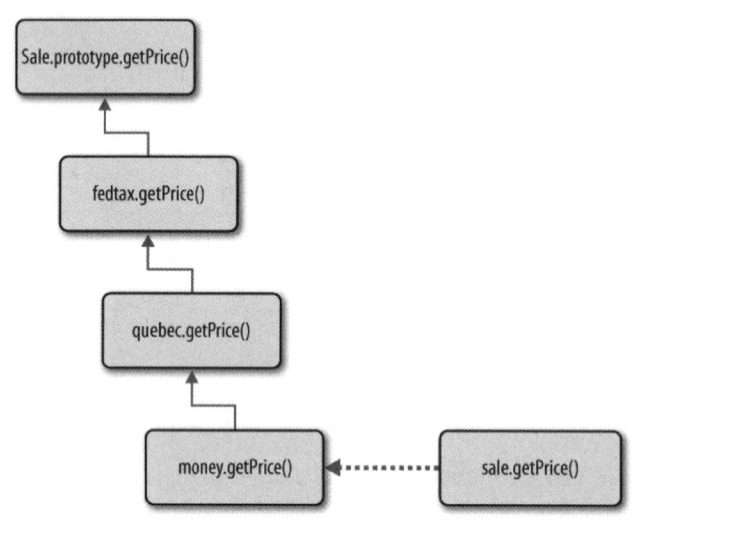

먼저 생성자와 프로토타입 메서드부터 시작해보자.

```javascript
function Sale(price) {
    this.price = price || 100;
}
Sale.prototype.getPrice = function () {
    return this.price;
};
```

장식자 객체들은 생성자 프로퍼티 Sale.decorators의 프로퍼티로 구현된다.

```javascript
Sale.decorators = {};
```

예제 장식자를 하나 살펴보자. 이 장식자 객체는 getPrice() 메서드를 특화하여 구현했다. 이 메서드가 처음에는 부모의 메서드로부터 값을 가져온 다음 그 값을 변경한다는 점에 유의하라.

```
Sale.decorators.fedtax = {
    getPrice: function () {
        var price = this.uber.getPrice();
        price += price * 5 / 100;
        return price;
    }
};
```

이런 방법으로 장식자를 얼마든지 구현할 수 있다. 이 장식자들은 플러그인처럼 Sale()의 핵심 기능을 확장하여 구현할 것이다. 별도의 파일에서 개발할 수도 있고 서드파티 개발자와 공유할 수도 있다.

```
Sale.decorators.quebec = {
    getPrice: function () {
        var price = this.uber.getPrice();
        price += price * 7.5 / 100;
        return price;
    }
};

Sale.decorators.money = {
    getPrice: function () {
        return "$" + this.uber.getPrice().toFixed(2);
    }
};

Sale.decorators.cdn = {
    getPrice: function () {
        return "CDN$ " + this.uber.getPrice().toFixed(2);
    }
};
```

이제 마지막으로, 모든 조각들을 짜맞추는 마법의 decorate() 메서드를 살펴보자. decorate는 다음과 같이 호출된다는 사실을 기억하라.

```
sale = sale.decorate('fedtax');
```

'fedtax' 문자열은 Sale.decorators.fedtax에 구현된 장식자 객체에 대응한다. 새롭게 꾸며진 newobj 객체는 현재 주어져 있는 this 객체(원본 객체일 수도, 마지막 장식자가 덧붙여진 객체일 수도 있다)를 상속할 것이다. 상속 부분을 수행하기 위해서, 이전 장에서 다룬 임시 생성자 패턴을 사용하자. 자식 객체가 부모 객체에 접근할 수 있도록 newobj에 uber 프로퍼티도 지정해준다. 그러고 나서 모든 장식자들의 추가 프로퍼티들을 새로 꾸며진 newobj 객체로 복사한다. 마지막으로 newobj가 반환된다. 이 예제에서는 newobj가 곧 새롭게 갱신된 sale 객체다.

```javascript
Sale.prototype.decorate = function (decorator) {
    var F = function () {},
        overrides = this.constructor.decorators[decorator],
        i, newobj;
    F.prototype = this;
    newobj = new F();
    newobj.uber = F.prototype;
    for (i in overrides) {
        if (overrides.hasOwnProperty(i)) {
            newobj[i] = overrides[i];
        }
    }
    return newobj;
};
```

목록을 사용한 구현

이번엔 약간 다른 구현 방법을 살펴보자. 이 방법은 자바스크립트의 동적 특성을 최대한 활용하며 상속은 전혀 사용하지 않는다. 각각의 꾸며진 메서드가 체인 안에 있는 이전의 메서드를 호출하는 대신에, 간단하게 이전 메서드의 결과를 다음 메서드에 매개변수로 전달한다.

이 구현 방법을 사용하면 장식을 취소하거나 제거하기 쉽다. 장식자 목록에서 요소를 삭제하기만 하면 된다.

decorate()에서 반환된 값을 다시 객체에 할당하지 않기 때문에 사용 방법이 조금 더 간단하다. decorate()는 목록에 장식자를 추가하기만 할 뿐, 객체에는 아무런 일도 하지 않는다.

```javascript
var sale = new Sale(100); // 가격은 100달러이다.
sale.decorate('fedtax'); // 연방세를 추가한다.
sale.decorate('quebec'); // 지방세를 추가한다.
sale.decorate('money'); // 통화형식을 지정한다.
sale.getPrice(); // "$112.88"

function Sale(price) {
    this.price = (price > 0) || 100;
    this.decorators_list = [];
}
```

사용 가능한 장식자들은 여기서도 Sale.decorators의 프로퍼티로 구현된다. getPrice() 메서드 역시 더 간단해졌음을 확인할 수 있다. 중간 결과 값을 가져오기 위해 부모의 getPrice()를 호출할 필요가 없어졌기 때문이다. 결과 값은 매개변수로 그들에게 전달된다.

```
Sale.decorators = {};

Sale.decorators.fedtax = {
    getPrice: function (price) {
        return price + price * 5 / 100;
    }
};

Sale.decorators.quebec = {
    getPrice: function (price) {
        return price + price * 7.5 / 100;
    }
};

Sale.decorators.money = {
    getPrice: function (price) {
        return "$" + price.toFixed(2);
    }
};
```

부모의 decorate()와 getPrice() 메서드에서 흥미로운 일이 일어난다. 이전의 구현 방법에서, decorate()는 다소 복잡하고 getPrice()는 꽤 간단했다. 이 구현 방법에서는 완전히 반대다. decorate()는 단지 장식자를 목록에 추가할 뿐이고 getPrice()가 모든 일을 한다. 즉 현재 추가된 장식자들의 목록을 조사하고, 각각의 getPrice() 메서드를 호출하면서 이전 반환 값을 전달한다.

```
Sale.prototype.decorate = function (decorator) {
    this.decorators_list.push(decorator);
};

Sale.prototype.getPrice = function () {
    var price = this.price,
        i,
        max = this.decorators_list.length,
        name;
    for (i = 0; i < max; i += 1) {
        name = this.decorators_list[i];
        price = Sale.decorators[name].getPrice(price);
    }
    return price;
};
```

이 두 번째 장식자 패턴 구현 방법이 더 간단하고 상속과 관련이 없다. 장식 메서드도 더 간단하다. 장식되기로 '동의한' 메서드에 의해서만 모든 작업이 수행된다. 이 예제 구현 방법에서는, getPrice()가 장식되기를 허용한 유일한 메서드다. 더 많은 메서드를 장식하고 싶다면, 추가되는 메서드에도 모두 장식자 목록을 순회하는 부분이 반복해서 들어가야 한다. 이런 작업은 메서드를 인자로 받아 '장식 가능'하게 만들어주는 도우미 메서드로 쉽게 분리해낼 수 있다. 이러기 위해서는 decorators_list 프로퍼티를 객체로 변경하여, 메서드 이름을 키로 하고 해당 메서드의 장식자 객체들의 배열을 값으로 가지도록 해야 할 것이다.

7.5 전략

전략 패턴은 런타임에 알고리즘을 선택할 수 있게 해준다. 사용자는 동일한 인터페이스를 유지하면서, 특정한 작업을 처리할 알고리즘을 여러 가지 중에서 상황에 맞게 선택할 수 있다.

전략 패턴을 사용하는 예제로 폼(입력 양식) 유효성 검사를 들 수 있다. validate() 메서드를 가지는 validator 객체를 만든다. 이 메서드는 폼의 특정한 타입에 관계 없이 호출되고, 항상 동일한 결과, 즉 유효성 검사를 통과하지 못한 데이터 목록과 함께 에러 메시지를 반환한다.

그러나 사용자는 구체적인 폼과 검사할 데이터에 따라서 다른 종류의 검사 방법을 선택할 수도 있다. 유효성 검사기가 작업을 처리할 최선의 '전략'을 선택하고, 그에 해당하는 적절한 알고리즘에 실질적인 데이터 검증 작업을 위임한다.

데이터 유효성 검사 예제

웹페이지상의 폼에서 가져온 다음과 같은 데이터가 있다고 하자. 유효성 검사기를 통해 이 데이터가 유효한지 검증하려고 한다.

```javascript
var data = {
    first_name: "Super",
    last_name: "Man",
    age: "unknown",
    username: "o_0"
};
```

이 구체적인 예제에서 유효성 검사기가 사용할 최선의 전략을 알아내기 위해서는, 우선 설정을 통해 어떤 데이터를 유효한 데이터로 받아들일지 규칙을 지정할 필요가 있다.

이름(first_name)은 어떤 값이어도 상관 없고, 성(last_name)은 필수 값이 아니라고 가정하자. 또한 나이(age)는 숫자여야 하고, 사용자명(username)은 특수 문자를 제외한 글자와 숫자로만 이루어져야한다. 이 경우 다음과 같이 설정할 수 있다.

```
validator.config = {
    first_name: 'isNonEmpty',
    age: 'isNumber',
    username: 'isAlphaNum'
};
```

유효성 검사기(validator) 객체가 데이터를 처리할 수 있도록 설정되었으니, validate() 메서드를 호출하여 검증 오류가 발생하는지 콘솔에 출력해보자.

```
validator.validate(data);
if (validator.hasErrors()) {
    console.log(validator.messages.join("\n"));
}
```

이 코드는 다음과 같은 에러 메시지를 출력한다.

'나이' 값이 유효하지 않습니다. 숫자만 사용할 수 있습니다. 예: 1, 3.14, 2010
'사용자명' 값이 유효하지 않습니다. 특수 문자를 제외한 글자와 숫자만 사용할 수 있습니다.

이제 유효성 검사기(validator) 객체가 어떻게 구현되는지 살펴보자. 검사에 사용되는 알고리즘 객체들은 사전에 정의된 인터페이스를 가진다. 이 객체들은 validate() 메서드와 에러 메시지에서 사용될 한 줄 짜리 도움말 정보인 instructions 프로퍼티를 제공한다.

```
// 값을 가지는지 확인한다.
validator.types.isNonEmpty = {
    validate: function (value) {
        return value !== "";
    },
    instructions: "이 값은 필수입니다."
};
// 숫자 값인지 확인한다.
validator.types.isNumber = {
    validate: function (value) {
```

```javascript
            return !isNaN(value);
        },
        instructions: "숫자만 사용할 수 있습니다. 예: 1, 3.14 or 2010"
};

// 값이 문자와 숫자로만 이루어졌는지 확인한다.
validator.types.isAlphaNum = {
    validate: function (value) {
        return !/[^a-z0-9]/i.test(value);
    },
    instructions: "특수 문자를 제외한 글자와 숫자만 사용할 수 있습니다."
};
```

마지막으로 validator 객체의 핵심 부분을 살펴보자.

```javascript
var validator = {
    // 사용할 수 있는 모든 검사 방법들
    types: {},

    // 현재 유효성 검사 세션의 에러 메시지들
    messages: [],

    // 현재 유효성 검사 설정
    // '데이터 필드명: 사용할 검사 방법'의 형식
    config: {},

    // 인터페이스 메서드
    // `data`는 이름 => 값 쌍이다.
    validate: function (data) {

        var i, msg, type, checker, result_ok;

        // 모든 메시지를 초기화한다.
        this.messages = [];

        for (i in data) {
            if (data.hasOwnProperty(i)) {

                type = this.config[i];
                checker = this.types[type];

                if (!type) {
                    continue; // 설정된 검사 방법이 없을 경우
                              // 검증할 필요가 없으므로 건너뛴다
                }
                if (!checker) { // 설정이 존재하나 해당하는 검사 방법을
                                // 찾을 수 없을 경우 오류 발생
                    throw {
                        name: "ValidationError",
                        message: type
                            + '값을 처리할 유효성 검사기가 존재하지 않습니다. '
```

```
                        };
                    }
                    result_ok = checker.validate(data[i]);
                    if (!result_ok) {
                        msg = "\'" + i + "\' 값이 유효하지 않습니다." +
                                checker.instuctions;
                    }
                }
            }
            return this.hasErrors();
        },

        // 도우미 메서드
        hasErrors: function () {
            return this.messages.length !== 0;
        }
    };
```

보다시피 validator 객체는 범용적인 형태이기 때문에 모든 유효성 검사 사례에 사용할 수 있다. 검사 방법을 추가하면 활용도가 좀더 높아질 것이다. 여러 페이지에서 사용하다 보면 구체적인 검사 방법들을 금새 수집하게 될 것이다. 새로운 사례가 생길 때마다 단지 validator 객체에 설정을 추가하고 validate() 메서드를 호출하기만 하면 된다.

7.6 퍼사드(Façade)

퍼사드 패턴은 간단하다. 이 패턴은 객체의 대체 인터페이스를 제공한다. 메서드를 짧게 유지하고 하나의 메서드가 너무 많은 작업을 처리하지 않게 하는 방법은 설계상 좋은 습관이다. 하지만 이렇게 하다보면 메서드 숫자가 엄청나게 많아지거나 uber 메서드에 엄청나게 많은 매개변수를 전달하게 될 수 있다. 두 개 이상의 메서드가 함께 호출되는 경우가 많다면, 이런 메서드 호출들을 하나로 묶어주는 새로운 메서드를 만드는 게 좋다.

예를 들어 브라우저 이벤트를 처리할 때 사용하는 다음과 같은 메서드를 생각해 보자.

stopPropagation()
이벤트가 상위 노드로 전파되지 않게 중단시킨다.

preventDefault()

브라우저의 기본 동작을 막는다. (예를 들어, 지정된 링크로 이동하거나 폼을 전
송하지 못하게 한다.)

위의 두 메서드는 서로 다른 목적을 가지고 있기 때문에 별도로 유지되어야 하지
만, 한꺼번에 호출되는 일이 많은 것도 사실이다. 따라서 두 개의 메서드 호출을 애
플리케이션 여기저기에서 반복하기보다는, 이 둘을 함께 호출하는 퍼사드 메서드를
생성하는 게 좋다.

```javascript
var myevent = {
    // ...
    stop: function (e) {
        e.preventDefault();
        e.stopPropagation();
    }
    // ...
};
```

퍼사드 패턴은 브라우저 스크립팅에도 적합하다. 브라우저 간의 차이점을 퍼사드
뒤편에 숨길 수 있기 때문이다. 앞선 예제에 이어서, IE에서의 이벤트 API의 차이를
처리하는 코드를 추가해보자.

```javascript
var myevent = {
    // ...
    stop: function (e) {
        // IE 이외의 모든 브라우저
        if (typeof e.preventDefault === "function") {
            e.preventDefault();
        }
        if (typeof e.stopPropagation === "function") {
            e.stopPropagation();
        }
        // IE
        if (typeof e.returnValue === "boolean") {
            e.returnValue = false;
        }
        if (typeof e.cancelBubble === "boolean") {
            e.cancelBubble = true;
        }
    }
    // ...
};
```

또한 퍼사드 패턴은 설계 변경과 리팩터링의 수고를 덜어준다. 복잡한 객체의 구

현 내용을 교체하는 데는 상당한 시간이 걸리는데, 이와 동시에 이 객체를 사용하는 새로운 코드가 계속해서 작성되고 있을 것이다. 이런 경우, 우선 새로운 객체의 API를 생각해보고, 기존 객체 앞에 이 API의 역할을 하는 퍼사드를 생성해 적용해 볼 수 있다. 이렇게 기존 객체를 완전히 교체하기 전에 최신 코드가 새로운 API를 사용하게 하면, 최종 교체시 변경폭을 줄일 수 있다.

7.7 프록시(Proxy)

프록시 디자인 패턴에서는 하나의 객체가 다른 객체에 대한 인터페이스로 동작한다. 퍼사드 패턴이 메서드 호출 몇 개를 결합시켜 편의를 제공하는 것에 불과하다면, 프록시는 클라이언트 객체와 실제 대상 객체 사이에 존재하면서 접근을 통제한다.

이 패턴은 비용이 증가하는 것처럼 보일 수도 있지만 실제로는 성능 개선에 도움을 준다. 프록시는 실제 대상 객체를 보호하여, 되도록 일을 적게 시키기 때문이다.

프록시 패턴의 한 예로, 게으른 초기화(lazy initialization)를 들 수 있다. 객체를 초기화하는 데 많은 비용이 들지만, 실제로 초기화한 후에는 한 번도 사용하지 않는다고 해보자. 이런 경우에 실제 대상 객체에 대한 인터페이스로 프록시를 사용하면 도움이 된다. 프록시는 초기화 요청을 대신 받지만, 실제 대상 객체가 정말로 사용되기 전까지는 이 요청을 전달하지 않는다.

그림 7-2는 클라이언트 객체의 초기화 요청과 프록시의 응답 과정을 묘사한다. 프록시는 이상이 없다고 응답하지만 실제 대상 객체의 어떤 동작이 정말로 필요하기 전까지는 메시지를 전달하지 않는다. 동작이 필요한 시점이 되면 프록시가 초기화

그림 7-2 프록시를 통한 클라이언트 객체와 실제 대상 객체의 관계

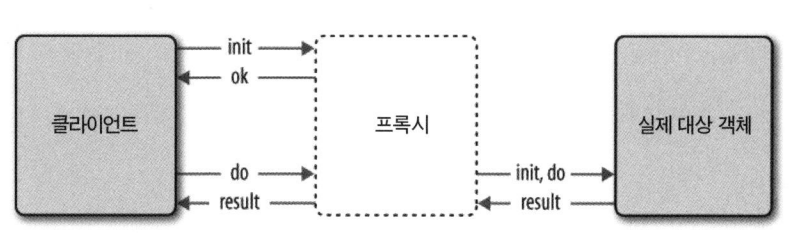

와 동작 요청을 한꺼번에 전달한다.

예제

프록시 패턴은 실제 대상 객체가 비용이 많이 드는 작업을 할 때 유용하다. 네트워크 요청은 웹 애플리케이션에서 가장 비용이 많이 드는 작업중 하나다. 따라서 가능한 많은 HTTP 요청들을 하나로 결합하는 게 효과적이다. HTTP 요청을 결합하는 예제를 통해 프록시 패턴의 동작을 살펴보자.

동영상 재생 애플리케이션

가수를 선택하면 동영상을 재생해주는 간단한 애플리케이션을 살펴보자. (그림 7-3)
http://www.jspatterns.com/book/7/proxy.html에서 직접 예제를 실행시켜보고, 코드를 볼 수 있다.

페이지에는 동영상의 제목 목록이 있다. 사용자가 제목을 클릭하면 제목 아래 영역이 펼쳐지면서 동영상에 대한 상세 정보와 함께 동영상을 재생할 수 있는 버튼이 나온다. 동영상 정보와 URL은 페이지 내에 있지 않고 웹서비스를 호출하여 가져와야 한다. 웹서비스는 다수의 동영상 ID를 받을 수 있기 때문에, 가능한 많은 수의 동영상 정보를 한꺼번에 가져오면 HTTP 요청 횟수가 줄어들어 애플리케이션 속도를 개선할 수 있다.

이 애플리케이션은 여러 개 또는 모든 동영상을 동시에 선택해 정보를 조회할 수 있으므로, 이 웹서비스 요청을 결합시키면 좋을 것이다.

프록시가 없는 경우

이 애플리케이션에서 주요 '행위자'는 다음의 두 객체다.

videos

videos.getInfo() 메서드로 정보 영역을 펼치고 닫는다. videos.getPlayer() 메서드로 동영상을 재생한다.

http

http.makeRequest() 메서드를 통해 서버와 통신한다.

그림 7-3 동영상 재생 애플리케이션의 실행 모습

Dave Matthews vids

Toggle Checked

1. ☑ Gravedigger
2. ☑ Save Me
3. ☑ Crush
4. ☑ Don't Drink The Water
5. ☑ Funny the Way It Is

6. ☑ What Would You Say

프록시가 없다면, 각각의 동영상이 videos.getInfo()를 호출할 때마다 http.makeRequest()도 한 번씩 호출될 것이다. 프록시를 추가하면 proxy라는 새로운 행위자가 videos와 http 사이에 들어가 makeRequest()에 대한 요청을 위임받으면서, 가능하면 이 요청을 병합하게 된다.

프록시가 없는 예제를 먼저 살펴보자. 그리고 나서 애플리케이션의 응답성을 개선하기 위해 프록시를 추가해보자.

HTML

HTML 코드는 단순한 링크의 목록이다.

```html
<p><span id="toggle-all">Toggle Checked</span></p>
<ol id="vids">
  <li><input type="checkbox" checked><a
    href="http://new.music.yahoo.com/videos/--2158073">Gravedigger
    </a></li>
  <li><input type="checkbox" checked><a
    href="http://new.music.yahoo.com/videos/--4472739">Save Me
    </a></li>
  <li><input type="checkbox" checked><a
    href="http://new.music.yahoo.com/videos/--45286339">Crush
    </a></li>
  <li><input type="checkbox" checked><a
    href="http://new.music.yahoo.com/videos/--2144530">Don't Drink
    The Water</a></li>
  <li><input type="checkbox" checked><a
    href="http://new.music.yahoo.com/videos/--217241800">Funny the
Way
    It Is</a></li>
  <li><input type="checkbox" checked><a
    href="http://new.music.yahoo.com/videos/--2144532">What Would
You
    Say</a></li>
</ol>
```

이벤트 핸들러

이제 이벤트 핸들러를 살펴보자. 우선 편리한 단축 메서드로 $ 함수를 정의한다.

```javascript
var $ = function (id) {
    return document.getElementById(id);
};
```

이벤트 위임(8장에서 이 패턴을 더 다룬다)을 사용해서, id가 'vids'인 <ol>에서 발생하는 모든 클릭 이벤트를 하나의 함수로 처리하도록 하자.

```javascript
$('vids').onclick = function (e) {
    var src, id;

    e = e || window.event;
    src = e.target || e.srcElement;

    if (src.nodeName !== "A") {
        return;
    }

    if (typeof e.preventDefault === "function") {
        e.preventDefault();
    }
    e.returnValue = false;
```

```
        id = src.href.split('--')[1];

        if (src.className === "play") {
            src.parentNode.innerHTML = videos.getPlayer(id);
            return;
        }

        src.parentNode.id = "v" + id;
        videos.getInfo(id);
    };
```

핸들러에 잡힌 모든 클릭 이벤트 중 주의를 기울여야 할 이벤트는, 정보 영역을 펼치거나 닫는 (getInfo()를 호출하는) 클릭 이벤트와 동영상을 재생하는 클릭 이벤트 두 가지다. 이벤트의 대상(target)이 "play"라는 클래스명을 가지고 있다면, 정보 영역이 이미 펼쳐져 있으며 getPlayer()를 호출할 수 있다는 의미다. 동영상의 식별자(id)는 링크의 href 속성 값에서 가져온다.

다른 클릭 핸들러는 모든 정보 영역을 한꺼번에 펼치거나 닫는 클릭 이벤트를 처리한다. 실질적으로는 루프를 돌며 getInfo()를 호출할 뿐이다.

```
    $('toggle-all').onclick = function (e) {
        var hrefs,
            i,
            max,
            id;

        hrefs = $('vids').getElementsByTagName('a');
        for (i = 0, max = hrefs.length; i < max; i += 1) {
            // skip play links
            if (hrefs[i].className === "play") {
                continue;
            }
            // 체크되지 않은 것은 생략한다.
            if (!hrefs[i].parentNode.firstChild.checked) {
                continue;
            }

            id = hrefs[i].href.split('--')[1];
            hrefs[i].parentNode.id = "v" + id;
            videos.getInfo(id);
        }
    };
```

videos 객체

videos 객체에는 세 개의 메서드가 존재한다.

getPlayer()

플래시 동영상을 재생하는 데 필요한 HTML을 반환한다. (현재 논의와는 무관하다.)

updateList()

웹서비스로부터 모든 데이터를 가져와 상세 정보 영역에 사용할 HTML 코드를 생성하는 콜백 함수. 이 메서드에도 특별히 관심을 가질만한 내용이 없다.

getInfo()

정보 영역을 펼치거나 닫는 메서드. http 메서드를 호출하면서 updateList()를 콜백 함수로 전달하는 역할도 한다.

videos 객체의 코드를 살펴보자.

```
var videos = {
    getPlayer: function (id) {...},
    updateList: function (data) {...},
    getInfo: function (id) {
        var info = $('info' + id);
        if (!info) {
            http.makeRequest([id], "videos.updateList");
            return;
        }

        if (info.style.display === "none") {
            info.style.display = '';
        } else {
            info.style.display = 'none';
        }
    }
};
```

http 객체

http 객체에는 야후의 YQL 웹서비스에 JSONP 요청을 생성하는 하나의 메서드만 존재한다.

```
var http = {
    makeRequest: function (ids, callback) {
        var url = 'http://query.yahooapis.com/v1/public/yql?q=',
            sql = 'select * from music.video.id
                    where ids IN ("%ID%")',
```

```
        format = "format=json",
        handler = "callback=" + callback,
        script = document.createElement('script');

    sql = sql.replace('%ID%', ids.join('","'));
    sql = encodeURIComponent(sql);

    url += sql + '&' + format + '&' + handler;
    script.src = url;

    document.body.appendChild(script);
    }
};
```

 YQL(야후 쿼리 언어, Yahoo! Query Language)은 여러 가지 웹서비스의 API를 모두 공부하지 않고도, SQL과 비슷한 구문을 통해 사용할 수 있게 해주는 메타 웹서비스다.

모든 여섯 개의 동영상이 펼쳐지면, 개별 요청이 다음과 같은 형태의 YQL 쿼리로 웹서비스에 전송된다.

```
select * from music.video.id where ids IN ("2158073")
```

프록시 추가

지금까지의 코드도 잘 동작하지만, 더 멋지게 만들어 보자. proxy 객체를 추가해 http 객체와 videos 객체 간의 통신을 전담하게 만들 것이다. proxy 객체는 50밀리초의 대기 시간을 두는 간단한 로직으로 요청들을 하나로 병합한다. videos 객체는 HTTP 서비스를 직접 호출하는 대신 proxy를 호출한다. proxy는 요청을 전달하기 전에 잠시 기다린다. 대기중인 50밀리초 안에 videos로부터 다른 호출이 들어오면 하나로 병합한다. 50밀리초의 대기 시간은 사용자가 인지하기 힘든 짧은 시간이지만 'Toggle Checked'를 클릭해서 한 번에 여러 개의 동영상을 펼쳐보려고 할 때 개별 요청들을 병합시킴으로써 사용자 경험의 속도를 개선하는 데 도움이 된다. 웹서버 역시 처리할 요청의 수가 줄어들기 때문에 부하를 상당히 덜 수 있다.

두 개의 동영상 정보를 요청하는 YQL 쿼리를 하나로 병합하면 다음과 같은 형태가 된다.

```
select * from music.video.id where ids IN ("2158073", "123456")
```

수정된 버전의 코드가 이전의 코드와 유일하게 다른 점은 다음과 같이 videos. getInfo()가 http.makeRequest() 대신에 proxy.makeRequest()를 호출한다는 것이다.

```
proxy.makeRequest(id, videos.updateList, videos);
```

프록시는 최근 50밀리초 이내에 받아들인 동영상 ID를 대기열(queue)에 모아놓 았다가, http 객체를 호출하면서 대기열을 비운다(flush). 이때 자신의 콜백 함수도 전달한다. videos.updateList() 콜백 함수는 한 개의 데이터만 처리하도록 되어 있 기 때문이다.

proxy의 코드는 다음과 같다.

```javascript
var proxy = {
    ids: [],
    delay: 50,
    timeout: null,
    callback: null,
    context: null,

    makeRequest: function (id, callback, context) {

        // 큐에 추가한다.
        this.ids.push(id);

        this.callback = callback;
        this.context = context;

        // timeout을 설정한다.
        if (!this.timeout) {
            this.timeout = setTimeout(function () {
                proxy.flush();
            }, this.delay);
        }
    },
    flush: function () {
    http.makeRequest(this.ids, "proxy.handler");

    // timeout과 큐를 비운다.
        this.timeout = null;
        this.ids = [];
    },
    handler: function (data) {
        var i, max;
```

```
        // 동영상이 한 개일 경우
        if (parseInt(data.query.count, 10) === 1) {
            proxy.callback.call(proxy.context,
                data.query.results.Video);
            return;
        }

        // 동영상이 여러 개일 경우
        for (i = 0, max = data.query.results.Video.length;
            i < max; i += 1) {
            proxy.callback.call(proxy.context,
                data.query.results.Video[i]);
        }
    }
};
```

프록시를 도입하면 간단한 수정을 통해 여러 개의 웹서비스 호출을 하나로 병합할 수 있게 된다.

그림 7-4는 프록시 없이 이뤄지는 세 개의 라운드트립(roundtrip)을, 그림 7-5는 프록시를 사용해 하나의 라운드트립이 발생하는 상황을 보여준다.

그림 7-4 세 개의 라운드트립

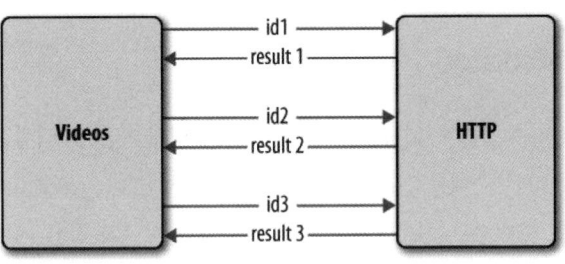

그림 7-5 라운드트립 횟수를 줄이기 위해 프록시를 사용

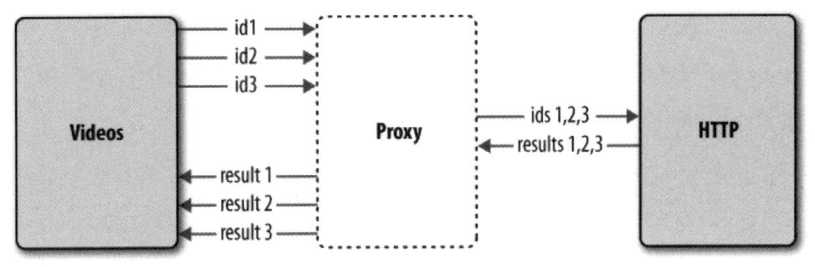

프록시를 사용해 요청 결과 캐시하기

예제에서 클라이언트 객체(videos)는 똑똑하게도 동일한 동영상에 대한 정보를 다시 요청하지 않았다. 하지만 그뿐만이 아니다. 프록시의 새로운 cache 프로퍼티에 이전 요청의 결과를 캐시해두면, 실제 http 객체를 더욱 보호할 수 있다. (그림 7-6 참고) 만약 videos 객체가 동일한 동영상 ID에 대한 정보를 다시 요청하면, 프록시는 캐시된 결과를 반환해서 네트워크 라운드트립을 줄인다.

그림 7-6 프록시 캐시

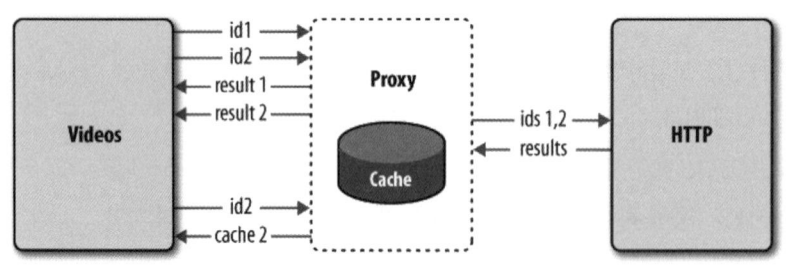

7.8 중재자(Mediator)

크기에 상관 없이 애플리케이션은 독립된 객체들로 만들어진다. 객체간의 통신은 유지보수가 쉽고 다른 객체를 건드리지 않으면서, 애플리케이션의 일부분을 안전하게 수정할 수 있는 방식으로 이루어져야 한다. 애플리케이션이 점차 커져가면서, 더욱 더 많은 객체들이 추가된다. 애플리케이션을 리팩터링하는 동안, 객체들이 제거되거나 재배치되기도 한다. 객체들이 서로에 대해 너무 많은 정보를 아는 상태로 (서로의 메서드를 호출하거나 프로퍼티를 변경하는 등) 직접 통신하게 되면 서로간에 결합도가 높아져 바람직하지 않다. 객체들이 강하게 결합되면, 다른 객체들에 영향을 주지 않고 하나의 객체를 수정하기가 어렵다. 매우 간단한 변경도 어려워지고, 수정에 필요한 시간을 예측하는 것이 사실상 불가능해진다.

중재자 패턴은 결합도를 낮추고 유지보수를 쉽게 개선하여 이런 문제를 완화시킨다. (그림 7-7 참고) 이 패턴에서 독립된 동료 객체들은 직접 통신하지 않고, 중재자 객체를 거친다. 동료 객체들은 자신의 상태가 변경되면 중재자에게 알리고, 중재자는 이 변경 사항을 알아야 하는 다른 동료 객체들에게 알린다.

그림 7-7 중재자 패턴의 구성요소들

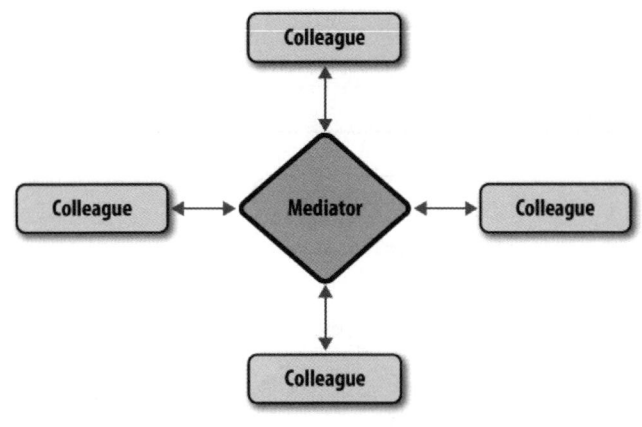

중재자 패턴 예제

중재자 패턴을 사용하는 예제를 살펴보자. 두 명의 플레이어 중 주어진 30초 동안 버튼을 더 많이 누르는 사람이 이기는 게임 애플리케이션이 있다. 플레이어 1은 1키를 누르고 플레이어 2는 0키를 누른다. (멀리 떨어진 키를 지정해 더 편하게 키를 누를 수 있게 했다.) 점수판에는 현재의 점수를 표시한다.

이 게임을 구성하는 객체들은 다음과 같다.

- 플레이어 1
- 플레이어 2
- 점수판
- 중재자

중재자는 다른 모든 객체에 대해 알고 있다. 중재자는 입력 장치(키보드)와 통신하며, keypress 이벤트를 처리하고, 어떤 플레이어의 차례인지 결정해서 알려준다. (그림 7-8 참고) 플레이어는 게임을 하면서 1점을 딸 때마다 득점 사실을 중재자에게 알려준다. 중재자는 점수판 객체에 플레이어의 점수를 전달한다. 전달된 점수는 차례로 화면에 표시된다.

중재자 이외의 객체들은, 다른 객체들에 대해 전혀 알지 못한다. 덕분에 게임에 플

레이어를 추가하거나 게임의 남은 시간을 표시하는 등의 새로운 기능을 쉽게 추가
할 수 있다.

http://jspatterns.com/book/7/mediator.html 페이지에서 이 게임의 데모를 실
행시켜볼 수 있고, 소스코드도 살펴볼 수 있다.

그림 7-8 키 누르기 게임을 구성하는 객체들

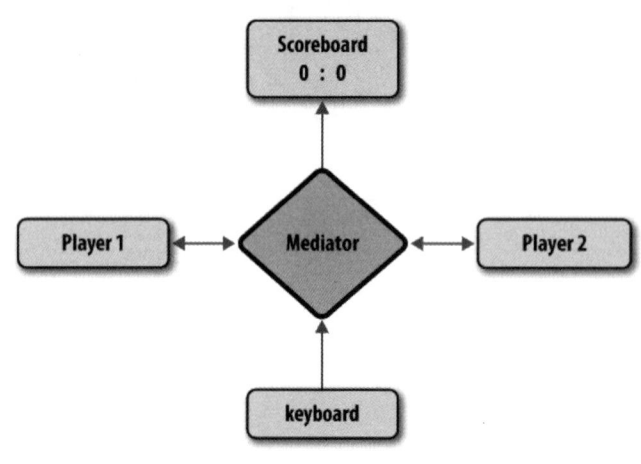

플레이어 객체들은 Player() 생성자로 만들어지고 points와 name 프로퍼티를 가
진다. 프로토타입에 추가된 play() 메서드는 점수를 1점씩 올리고 점수 변화를 중재
자(mediator)에게 알린다.

```javascript
function Player(name) {
    this.points = 0;
    this.name = name;
}
Player.prototype.play = function () {
    this.points += 1;
    mediator.played();
};
```

점수판 객체(scoreboard)는 update() 메서드를 가진다. 플레이어의 차례가 바뀔
때마다 중재자 객체가 이 메서드를 호출한다. 점수판 객체는 어떤 플레이어에 대해
서도 알지 못하고 점수를 저장하지도 않는다. 중재자로부터 전달받은 점수를 표시
할 뿐이다.

```
var scoreboard = {

    // 점수를 표시할 HTML 엘리먼트
    element: document.getElementById('results'),

    // 점수 표시를 갱신한다.
    update: function (score) {

        var i, msg = '';
        for (i in score) {
            if (score.hasOwnProperty(i)) {
                msg += '<p><strong>' + i + '<\/strong>: ';
                msg += score[i];
                msg += '<\/p>';
            }
        }
        this.element.innerHTML = msg;
    }
};
```

이제 중재자 객체(mediator)를 살펴보자. 중재자 객체는 게임을 초기화하고, setup() 메서드 안에서 player 객체를 만들고, players 프로퍼티에 플레이어 객체들의 참조를 저장해둔다. played() 메서드는 차례가 바뀔 때마다 각 플레이어 객체에 의해 호출된다. 이 메서드는 score 해시를 업데이트한 다음 scoreboard 객체에 전달해 화면에 점수를 표시한다. 마지막 메서드인 keypress()는 키보드 이벤트를 처리하고 어떤 플레이어의 차례인지 판단해 알려준다.

```
var mediator = {
    // 모든 player 객체들
    players: {},

    // 초기화
    setup: function () {
        var players = this.players;
        players.home = new Player('Home');
        players.guest = new Player('Guest');
    },

    // 누군가 play하고 점수를 업데이트한다.
    played: function () {
        var players = this.players,
            score = {
                Home: players.home.points,
                Guest: players.guest.points
            };

        scoreboard.update(score);
```

```
        },

        // 사용자 인터랙션을 핸들링한다.
        keypress: function (e) {
            e = e || window.event; // IE
            if (e.which === 49) { // 키 "1"
                mediator.players.home.play();
                return;
            }
            if (e.which === 48) { // 키 "0"
                mediator.players.guest.play();
                return;
            }
        }
    };
```

그리고 마지막으로 게임을 시작하고 종료시킨다.

```
// 시작!
mediator.setup();
window.onkeypress = mediator.keypress;

// 30초후에 게임을 종료시킨다.
setTimeout(function () {
    window.onkeypress = null;
    alert('Game over!');
}, 30000);
```

7.9 감시자(Observer)

감시자 패턴은 클라이언트 측 자바스크립트 프로그래밍에서 널리 사용되는 패턴이다. mouseover, keypress와 같은 모든 브라우저 이벤트가 감시자 패턴의 예다. 감시자 패턴은 커스텀 이벤트(custom event)라고 부르기도 하는데, 이는 브라우저가 발생시키는 이벤트가 아닌 프로그램에 의해 만들어진 이벤트를 뜻한다. 또 다른 이름으로 구독자/발행자(subscriber/publisher) 패턴이라고도 한다.

이 패턴의 주요 목적은 결합도를 낮추는 것이다. 어떤 객체가 다른 객체의 메서드를 호출하는 대신, 객체의 특별한 행동을 구독해 알림을 받는다. 구독자(subscriber)는 감시자(observer)라고도 부르며, 관찰되는 객체는 발행자(publisher) 또는 감시 대상(subject)이라고 부른다. 발행자는 중요한 이벤트가 발생했을 때 모든 구독자에게 알려주며(구독자를 호출한다) 주로 이벤트 객체의 형태로 메시지를 전달한다.

예제 #1: 잡지 구독

감시자 패턴의 구현 방법을 이해하기 위해서, 구체적인 예제를 살펴보자. 일간 신문과 월간 잡지를 출판하는 paper라는 발행자가 있다. 구독자 joe는 출판될 때마다 알림을 받게 된다.

paper 객체에는 모든 구독자를 저장하는 배열인 subscribers 프로퍼티가 존재한다. 구독은 단지 이 배열에 구독자를 추가하는 것으로 이뤄진다. 이벤트가 발생하면 paper는 subscribers의 목록을 순회하면서 각 구독자에게 알린다. '알림 (notification)'이란 구독자 객체의 메서드를 호출한다는 뜻이다. 따라서, 구독자는 구독할 때 자신의 메서드 중 하나를 paper의 subscribe() 메서드에 전달해야 한다.

paper는 unsubscribe() 메서드도 제공할 수 있다. unsubscribe는 subscribers 배열에서 구독자를 제거한다는 뜻이다. 마지막으로 publish() 메서드 또한 중요하다. 이 메서드는 subscribers의 메서드들을 호출한다. 요약하면 발행자 객체는 다음의 멤버들을 가져야 한다.

subscribers - 배열

subscribe() - subscribers 배열에 구독자를 추가한다.

unsubscribe() - subscribers 배열에서 구독자를 제거한다.

publish() - subscribers를 순회하여 구독자들이 등록할 때 제공한 메서드들을 호출한다.

세 메서드 모두 type 매개변수를 필요로 한다. 발행자는 신문 또는 잡지 출판 등 여러 가지 이벤트를 발생시킬 수 있고, 구독자는 어떤 이벤트를 구독할지 선택할 수 있기 때문이다.

이 멤버들은 어떤 발행자 객체에도 적용할 수 있기 때문에, 별도의 객체로 구현하는 것이 바람직하다. 이렇게 하면 믹스인 패턴에 따라 이 멤버들을 복사해 어떤 객체든지 발행자 객체로 바꿀 수 있다.

범용적인 발행자의 기능을 구현한 예제를 보자. 앞서 나열한 필요한 멤버들을 모두 정의하고 이에 더해 visitSubscribers()라는 도우미 메서드를 추가하였다.

```
var publisher = {
    subscribers: {
        any: [] // '이벤트 타입 : 구독자의 배열'의 형식
```

```
    },
    subscribe: function (fn, type) {
        type = type || 'any';
        if (typeof this.subscribers[type] === "undefined") {
            this.subscribers[type] = [];
        }
        this.subscribers[type].push(fn);
    },
    unsubscribe: function (fn, type) {
        this.visitSubscribers('unsubscribe', fn, type);
    },
    publish: function (publication, type) {
        this.visitSubscribers('publish', publication, type);
    },
    visitSubscribers: function (action, arg, type) {
        var pubtype = type || 'any',
            subscribers = this.subscribers[pubtype],
            i,
            max = subscribers.length;

        for (i = 0; i < max; i += 1) {
            if (action === 'publish') {
                subscribers[i](arg);
            } else {
                if (subscribers[i] === arg) {
                    subscribers.splice(i, 1);
                }
            }
        }
    }
};
```

다음의 함수는 객체를 받아 발행자 객체로 바꿔준다. 단순히 해당 객체에 범용 발행자 메서드들을 복사해 넣는다.

```
function makePublisher(o) {
    var i;
    for (i in publisher) {
        if (publisher.hasOwnProperty(i) &&
            typeof publisher[i] === "function") {
            o[i] = publisher[i];
        }
    }
    o.subscribers = {any: []};
}
```

이제 paper 객체를 구현해보자. paper 객체는 일간 또는 월간으로 출판하는 일만 처리한다.

```
var paper = {
    daily: function () {
        this.publish("big news today");
    },
    monthly: function () {
        this.publish("interesting analysis", "monthly");
    }
};
```

paper를 발행자로 만든다.

```
makePublisher(paper);
```

발행자를 만들었으니, 이제 구독자 객체 joe를 살펴보자. joe는 두 개의 메서드를 가진다.

```
var joe = {
    drinkCoffee: function (paper) {
        console.log(paper + '를 읽었습니다.');
    },
    sundayPreNap: function (monthly) {
        console.log('잠들기 전에' + monthly + '를 읽고 있습니다.');
    }
};
```

그리고 paper의 구독자 목록에 joe를 추가한다(다르게 말해서 joe가 paper를 구독한다).

```
paper.subscribe(joe.drinkCoffee);
paper.subscribe(joe.sundayPreNap, 'monthly');
```

보다시피, joe는 기본 이벤트 타입인 'any' 이벤트 발생시 호출될 메서드와, 'monthly' 타입의 이벤트 발생시 호출될 메서드를 전달했다. 이제 몇 가지 이벤트를 발생시켜보자.

```
paper.daily();
paper.daily();
paper.daily();
paper.monthly();
```

모든 이벤트 발행은 각각에 대응하는 joe의 메서드를 호출하게 되고 콘솔에는 다음과 같은 결과가 출력된다.

```
big news today를 읽었습니다.
big news today를 읽었습니다.
```

big news today를 읽었습니다.
잠들기 전에 interesting analysis를 읽고 있습니다.

paper 객체 내에서 joe를 하드코딩하지 않았고, joe 객체 안에서도 역시 paper 객체를 하드코딩하지 않았다는 점에서 이 코드는 훌륭하다. 모든 내용을 알고 있는 중재자 객체가 존재하지도 않는다. 객체들은 느슨하게 결합되었고, 이 객체들을 전혀 수정하지 않고 paper에 수많은 구독자를 추가할 수 있다. 또한 joe는 언제든지 구독을 해지할 수 있다.

이 예제를 한층 더 발전시켜보고 joe를 발행자로도 만들어보자. (블로그와 마이크로블로그를 이용한다면 결국에는 누구든지 발행자가 될 수 있다.) 다음과 같이 joe가 발행자가 되어 트위터에 상태 업데이트를 포스팅한다.

```
makePublisher(joe);
joe.tweet = function (msg) {
    this.publish(msg);
};
```

paper의 홍보 부서에서 readTweets() 메서드로 독자들의 트윗을 읽고, joe를 구독하기로 결정하였다고 하자.

```
paper.readTweets = function (tweet) {
    alert('Call big meeting! Someone ' + tweet);
};
joe.subscribe(paper.readTweets);
```

이제 joe가 트윗을 하자마자, paper는 알림을 띄우게 된다.

```
joe.tweet("hated the paper today");
```

다음과 같은 알림이 결과로 출력된다.

"Call big meeting! Someone hated the paper today."

http://jspatterns.com/book/7/observer.html에서 콘솔에 찍히는 라이브 데모와 전체 소스코드를 볼 수 있다.

예제 #2: 키 누르기 게임

또 다른 예제를 살펴보자. 중재자 패턴 예제에서 만들었던 것과 똑같은 키 누르기 게임을 이번에는 감시자 패턴을 활용해 구현해보자. 약간 더 발전시켜 두 명이 아닌 무제한의 플레이어를 받아들일 수 있도록 하자. 여기서도 Player() 생성자로 player 객체를 생성하며, scoreboard 객체도 그대로 있다. 단지 mediator 객체가 이제 game 객체로 바뀌게 된다.

중재자 패턴에서의 mediator 객체는 다른 모든 객체들에 대해서 알고 있으며 이 객체들의 메서드를 호출한다. 감시자 패턴에서 game 객체는 이렇게 하지 않는다. 다른 객체들이 관심있는 이벤트를 구독한다. 예를 들어, scoreboard는 game의 'scorechange' 이벤트를 구독할 것이다.

우선 범용 발행자 객체를 다시 살펴보고, 인터페이스를 약간 수정해서 브라우저 환경에 더 가깝게 만들자.

- publish(), subscribe()와 unsubscribe()를 각각 fire(), on() 그리고 remove()로 변경한다.
- 이벤트의 종류는 항상 사용되므로, 세 함수는 모두 첫 번째 인자로 type을 받는다.
- 구독자 메서드 외에 추가적으로 context 매개변수를 받을 수 있다. 이 매개변수는 콜백 메서드 안에서 this가 메서드 자신을 소유한 객체를 가리키는 데 사용된다.

새로운 발행자 객체는 다음과 같다.

```javascript
var publisher = {
    subscribers: {
        any: []
    },
    on: function (type, fn, context) {
        type = type || 'any';
        fn = typeof fn === "function" ? fn : context[fn];

        if (typeof this.subscribers[type] === "undefined") {
            this.subscribers[type] = [];
        }
        this.subscribers[type].push(
            {fn: fn, context: context || this});
    },
    remove: function (type, fn, context) {
        this.visitSubscribers('unsubscribe', type, fn, context);
    },
    fire: function (type, publication) {
        this.visitSubscribers('publish', type, publication);
```

```
        },
        visitSubscribers: function (action, type, arg, context) {
            var pubtype = type || 'any',
                subscribers = this.subscribers[pubtype],
                i,
                max = subscribers ? subscribers.length : 0;

            for (i = 0; i < max; i += 1) {
                if (action === 'publish') {
                    subscribers[i].fn.call(subscribers[i].context, arg);
                } else {
                    if (subscribers[i].fn === arg &&
                        subscribers[i].context === context) {
                        subscribers.splice(i, 1);
                    }
                }
            }
        }
    };
```

새로운 Player() 생성자는 다음과 같다.

```
function Player(name, key) {
    this.points = 0;
    this.name = name;
    this.key = key;
    this.fire('newplayer', this);
}

Player.prototype.play = function () {
    this.points += 1;
    this.fire('play', this);
};
```

생성자가 key라는 매개변수를 받는다는 점이 달라졌다. 이 매개변수는 해당 플레이어가 득점시 사용할 키보드 키를 지정하는데, 이전 코드에서는 하드코딩되었다. 또한, 매번 새 player 객체가 생성될 때마다, 'newplayer' 이벤트를 발생한다. 이와 유사하게, 매번 player가 득점할 때마다 'play' 이벤트를 발생한다.

scoreboard 객체는 동일하다. 현재 점수를 화면에 갱신하는 작업만 수행한다.

새로운 game 객체는 모든 player들을 기록한다. 따라서 플레이어가 득점하면 점수를 기록하고 'scorechange' 이벤트를 발생한다. 또한 브라우저의 모든 'keypress' 이벤트를 구독하여 각각의 키가 어느 플레이어에 대응하는지 알아낸다.

```
var game = {

    keys: {},

    addPlayer: function (player) {
        var key = player.key.toString().charCodeAt(0);
        this.keys[key] = player;
    },

    handleKeypress: function (e) {
        e = e || window.event; // IE
        if (game.keys[e.which]) {
            game.keys[e.which].play();
        }
    },

    handlePlay: function (player) {
        var i,
            players = this.keys,
            score = {};

        for (i in players) {
            if (players.hasOwnProperty(i)) {
                score[players[i].name] = players[i].points;
            }
        }
        this.fire('scorechange', score);
    }
};
```

makePublisher() 함수는 신문 발행 예제와 같이 객체를 발행자로 바꿔주는 함수다. game 객체가 발행자가 되고 (따라서 game 객체가 'scoreboard' 이벤트를 발생할 수 있다) Player.prototype 역시 발행자가 된다. 이제 player 객체는 구독을 원하는 어떤 객체에게든 'play'와 'newplayer' 이벤트를 발생할 수 있다.

```
makePublisher(Player.prototype);
makePublisher(game);
```

game 객체는 'play'와 'newplayer' 이벤트, 브라우저의 'keypress' 이벤트를 구독한다. scoreboard 객체는 'scorechange' 이벤트를 구독한다.

```
Player.prototype.on("newplayer", "addPlayer", game);
Player.prototype.on("play", "handlePlay", game);
game.on("scorechange", scoreboard.update, scoreboard);
window.onkeypress = game.handleKeypress;
```

예제와 같이, 구독자는 on() 메서드에 콜백 함수를 지정할 때 함수의 참조 (scoreboard.update)나 문자열("addPlayer")을 사용할 수 있다. 문자열은 컨텍스트(예를 들어, game)가 함께 제공되었을 때만 제대로 동작한다.

마지막으로 사용자가 원하는 수만큼 플레이어 객체들을 동적으로 생성한다. 각각에 대응하는 키도 함께 받는다.

```
var playername, key;
while (1) {
    playername = prompt("Add player (name)");
    if (!playername) {
        break;
    }
    while (1) {
        key = prompt("Key for " + playername + "?");
        if (key) {
            break;
        }
    }
    new Player(playername, key);
}
```

이로써 게임이 완성되었다. http://jspatterns.com/book/7/observer-game.html에서 전체 소스코드를 확인하고 게임을 플레이해볼 수 있다.

중재자 패턴의 구현에서는, 중재자 객체가 정확한 메서드를 적절한 시점에 호출하고 전체 게임을 조율하기 위해서 다른 모든 객체에 대해 알아야만 했다는 사실을 주목하라. 감시자 패턴에서 game 객체는 별로 아는 게 없고, 특정 이벤트를 감시하며 동작하는 객체들에 의존한다. 예를 들어, scoreboard 객체는 'scorechange' 이벤트를 구독한다. 이는 어떤 객체가 어떤 이벤트를 구독하는지 파악하기가 좀더 어려워진 대신 결합도를 낮추는 결과를 가져온다. (하나의 객체라도 덜 아는 것이 더 좋다) 이 예제 게임에서는 코드 내 모든 구독이 한 지점에서 발생하지만, 애플리케이션이 커지면 on()은 여기저기(예를 들어, 객체들의 초기화 코드 내)에서 호출될 수도 있다. 이렇게 되면 코드 내에 무엇이 어떻게 동작하고 있는지 확인하고 이해할 수 있는 단일 지점이 없으므로 디버깅하기 어려워진다. 감시자 패턴은 프로그램의 처음부터 시작해 끝까지 이어지는 절차적이고 순차적인 코드 실행과는 거리가 멀다.

7.10 요약

이 장에서는 널리 사용되는 몇 가지 디자인 패턴들에 대해 배웠고 자바스크립트에서 이를 구현하는 방법을 알아보았다. 논의한 디자인 패턴들은 다음과 같다.

싱글톤(Singleton)

'클래스'의 인스턴스를 단 하나만 생성한다. 생성자 함수로 클래스의 개념을 대체하고 자바와 비슷한 문법을 유지하고 싶은 경우에 쓸 수 있는 몇 가지 접근 방법을 살펴보았다. 그렇지 않은 경우, 기술적으로 자바스크립트에서 모든 객체는 싱글톤이다. 그리고 개발자가 말하는 '싱글톤'은 때로는 모듈 패턴으로 만들어진 객체를 뜻하기도 한다.

팩터리(Factory)

런타임시 객체 타입을 문자열로 지정해 객체들을 생성하는 메서드를 가리킨다.

반복자(Iterator)

복잡한 데이터 구조를 순회하거나 순차적으로 이동하는 API를 제공한다.

장식자(Decorator)

사전에 정의된 장식자 객체를 사용해 런타임에 객체에 기능을 추가한다.

전략(Strategy)

인터페이스를 동일하게 유지하면서 지정된 작업(컨텍스트)을 처리하기 위한 최선의 전략을 선택한다.

퍼사드(Façade)

자주 사용되는 (또는 설계가 제대로 되지 않은) 메서드들을 감싸 새로운 메서드를 만들어, 좀더 편리한 API를 제공한다.

프록시(Proxy)

객체를 감싸 객체에 대한 접근을 통제한다. 비용이 큰 작업을 줄이기 위해 작업들을 하나로 묶거나, 정말 필요할 때만 실행하게 해준다.

중재자(Mediator)

객체들이 서로 직접 통신하지 않고 오직 중재자 객체를 통해서만 통신하도록 함
으로써 결합도를 낮춘다.

감시자(Observer)

'감시 가능한' 객체들을 만들어 결합도를 낮춘다. 이 객체는 특정 이벤트를 감시하
고 있는 모든 감시자들에게 그 이벤트가 발생했을 때 알려준다. (구독자/발행자
또는 커스텀 이벤트 패턴이라고도 부른다.)

8장

JAVASCRIPT PATTERNS

DOM과 브라우저 패턴

지금까지는 코어 자바스크립트를 중점적으로 다루었고, 브라우저에서 자바스크립트를 사용하는 패턴들은 그다지 많이 다루지 않았다. 반대로 이번 장에서는 가장 일반적인 자바스크립트 프로그램의 실행 환경인 브라우저에 특화된 여러 가지 패턴에 대해서 알아본다. 브라우저 스크립팅은 사실 많은 개발자들이 자바스크립트 중에서 싫어하는 부분이기도 한데, 브라우저별로 일관성이 없는 호스트 객체와 DOM구현을 생각해보면 이해 못 할 일도 아니다. 클라이언트 스크립팅을 도와주는 훌륭한 패턴들을 사용한다면 분명히 이런 어려움을 덜 수 있을 것이다.

이 장에서는 여러 패턴들을 몇 가지 영역으로 나누어 살펴볼 것이다. DOM 스크립팅, 이벤트 핸들링, 원격 스크립팅, 페이지에서의 자바스크립트 로딩 전략 그리고 웹사이트에 자바스크립트를 배포하는 단계로 구성된다.

먼저 클라이언트 측 스크립팅에 어떻게 다가가야 할지 간단하면서도 다소 철학적인 논의부터 시작해보자.

8.1 관심사의 분리

웹 애플리케이션 개발에서의 주요 관심사는 다음의 세 가지로 나누어 볼 수 있다.

내용

HTML 문서

표현

CSS 스타일 - 문서가 어떻게 보여질 것인지 지정한다.

행동

자바스크립트 - 사용자 인터랙션과 문서의 동적인 변경을 처리한다.

세 가지 관심사를 최대한 분리할수록, 좀더 광범위한 사용자 에이전트(예를 들어 그래픽 브라우저, 텍스트만 지원하는 브라우저, 장애인을 위한 보조공학기기, 모바일 기기)에 애플리케이션을 탑재하기가 용이해진다. 또한 관심사의 분리는 점진적인 개선과 맞물려 있는 개념이다. 가장 간단한 사용자 에이전트를 위해 HTML만으로 이루어진 기본적인 사용자 경험으로부터 시작해서, 기능이 개선된 사용자 에이전트에는 더 많은 사용자 경험을 추가할 수 있다. 브라우저가 CSS를 지원한다면 사용자는 더 멋진 문서를 볼 수 있을 테고, 브라우저가 자바스크립트를 지원한다면 문서에 더 많은 기능들이 추가되어 애플리케이션에 가까운 사용자 경험을 제공할 것이다.

관심사의 분리는 실무에서 다음과 같은 의미다.

- CSS를 끈 상태에서 페이지를 테스트한다. 이 상태로도 사용 가능하고 내용이 표시되며 읽을 수 있어야 한다.
- 자바스크립트를 끈 상태에서 페이지를 테스트한다. 여전히 주 목적에 맞게 제대로 동작하고, 모든 링크가 작동하며, 폼 또한 제대로 동작하고 전송 (submit)할 수 있어야 한다.
- onclick과 같은 인라인 이벤트 핸들러 또는 인라인 style 속성은 '내용'에 속하지 않으므로 사용하지 않는다.
- 시맨틱하고 의미에 맞는 HTML 엘리먼트를 사용한다. 예를 들어 제목에는 〈h1〉 또는 〈h2〉를 목록에는 〈ol〉 또는 〈ul〉를 사용한다.

'행동'에 속하는 자바스크립트는 무간섭적(unobtrusive)이어야한다. 즉 자바스크립트가 사용자를 방해하거나, 자바스크립트를 지원하지 않는 브라우저에서 페이지를 사용할 수 없게 만들어서는 안되며, 페이지 동작시 필수 요건이 되어서는 안된다는 뜻이다. 자바스크립트는 페이지를 향상시키기만 해야 한다.

기능 탐지(capability detection)는 브라우저간의 차이점을 우아하게 다루는 일반적인 기술 중 하나다. 사용자 에이전트를 감지해 코드를 분기하는 대신에, 사용하려는 메서드나 프로퍼티가 현재의 실행 환경에 존재하는지 확인하는 기술을 말한다. 사용자 에이전트 감지는 대체로 안티패턴이라 할 수 있다. 때로는 사용자 에이전트 감지를 쓸 수밖에 없는 경우도 있지만, 기능 탐지로 확실한 결과를 얻을 수 없거나 성능상 심각한 문제를 초래하는 경우에만 최후의 선택 사항으로 고려해야 한다.

```
// 안티패턴
if (navigator.userAgent.indexOf('MSIE') !== .1) {
    document.attachEvent('onclick', console.log);
}

// 더 좋은 방법
if (document.attachEvent) {
    document.attachEvent('onclick', console.log);
}

// 조금 더 정확한 방법
if (typeof document.attachEvent !== "undefined") {
    document.attachEvent('onclick', console.log);
}
```

관심사를 분리하면 개발 및 유지보수 그리고 기존의 웹애플리케이션을 업데이트하기 또한 용이해진다. 문제가 생겼을 때 어느 부분을 확인하면 되는지 알 수 있기 때문이다. 자바스크립트 오류가 발생하면, 문제를 해결하기 위해 HTML이나 CSS를 찾아볼 필요가 없다.

8.2 DOM 스크립팅

페이지의 DOM 트리를 다루는 것은 클라이언트 측 자바스크립트에서 처리하는 가장 흔한 일 중 하나다. 동시에 DOM 메서드가 브라우저간에 일관성 없이 구현되어 있기 때문에 가장 골치아픈 작업이기도 하다. (자바스크립트의 평판을 떨어뜨리는 이유이기도 하다.) 때문에 브라우저간의 차이점을 추상화한 훌륭한 자바스크립트 라이브러리를 사용하면 개발 속도를 크게 향상시킬 수 있다.

DOM 트리에 접근하고, 수정할 때 사용할 수 있는 몇 가지 추천 패턴을 살펴보자. 주로 성능 문제에 대해 언급할 것이다.

DOM 접근

DOM 접근은 비용이 많이 드는 작업이다. 자바스크립트의 성능에서 DOM 접근은 가장 흔한 병목 지점이다. 일반적으로 DOM은 자바스크립트 엔진과 별개로 구현되었기 때문이다. 자바스크립트 애플리케이션에서 DOM을 전혀 사용하지 않을 수도 있기 때문에, 브라우저 입장에서 보면 이런 접근 방식이 타당하다. 또한, 이러한 분리된 구현을 통해 자바스크립트 외의 언어들(예를 들면 IE의 VBScript)도 DOM 작업을 할 수 있게 된다.

핵심을 말하자면 DOM 접근을 최소화해야 한다.

- 루프 내에서 DOM 접근을 피한다.
- DOM 참조를 지역 변수에 할당하여 사용한다.
- 가능하면 셀렉터 API를 사용한다.
- HTML 콜렉션을 순회할 때 length를 캐시하여 사용한다. (2장 참고)

다음 예제를 참고하라. 두 번째 루프는 코드가 길어지긴 했지만 브라우저에 따라 수십에서 수백 배 빠르다.

```javascript
// 안티패턴
for (var i = 0; i < 100; i += 1) {
    document.getElementById("result").innerHTML += i + ", ";
}

// 지역 변수를 활용하는 개선안
var i, content = "";
for (i = 0; i < 100; i += 1) {
    content += i + ",";
}
document.getElementById("result").innerHTML += content;
```

다음 코드도 살펴보자. 이 예제는 지역 변수를 활용하는 첫 예제보다 한 줄이 더 길고, 변수가 하나 더 필요하지만 더 좋은 코드다.

```javascript
// 안티패턴
var padding = document.getElementById("result").style.padding,
    margin = document.getElementById("result").style.margin;

// 개선안
var style = document.getElementById("result").style,
    padding = style.padding,
    margin = style.margin;
```

다음 코드는 셀렉터 API를 사용하는 예제다.

```
document.querySelector("ul .selected");
document.querySelectorAll("#widget .class");
```

이 메서드들은 CSS 셀렉터 문자열을 받아 그에 해당하는 DOM 노드의 목록을 반환한다. 셀렉터 메서드들은 IE 8 이상을 포함한 대부분의 최신 브라우저에서 사용가능하며 다른 DOM 메서드를 사용한 선택 방식보다 항상 빠르다. 대중적인 자바스크립트 라이브러리들도 최신 버전에서 셀렉터 API를 활용하고 있으므로, 사용중인 라이브러리가 최신 버전인지 반드시 확인해보아야 한다.

자주 접근하는 엘리먼트에 id 속성을 추가하는 것도 성능 향상에 도움이 될 수 있다. document.getElementById(myid)가 노드를 찾는 가장 쉽고 빠른 방법이기 때문이다.

DOM 조작

DOM 엘리먼트 접근 이외에도, DOM 엘리먼트를 변경 또는 제거하거나 새로운 엘리먼트를 추가하는 작업도 자주 필요하다. DOM 업데이트시 브라우저는 화면을 다시 그리고(repaint), 엘리먼트들을 재구조화(reflow)하는데, 이 또한 비용이 많이 드는 작업이다.

다시 말하지만, 원칙적으로 DOM 업데이트를 최소화하는 게 좋다. 이를 위해서는 변경 사항들을 일괄 처리하거나, 실제 문서 트리 외부에서 변경 작업을 수행해야 한다.

비교적 큰 서브 트리를 만들어야 한다면, 서브 트리를 완전히 생성한 다음에 문서에 추가해야 한다. 이를 위해 문서 조각(document fragment)에 모든 하위 노드를 추가하는 방법을 사용할 수 있다.

먼저 문서에 노드를 붙일 때 피해야 할 안티패턴을 살펴보자.

```
// 안티패턴
// 노드를 만들고 곧바로 문서에 붙인다.

var p, t;

p = document.createElement('p');
t = document.createTextNode('first paragraph');
p.appendChild(t);
```

```
document.body.appendChild(p);

p = document.createElement('p');
t = document.createTextNode('second paragraph');
p.appendChild(t);
document.body.appendChild(p);
```

개선안은 문서 조각을 생성해 외부에서 수정한 후, 처리가 완전히 끝난 다음에 실제 DOM에 추가하는 것이다. 편리하게도, DOM 트리에 문서 조각을 추가하면, 조각 자체는 추가되지 않고 그 내용만 추가된다. 즉 문서 조각은 별도의 부모 노드 없이도 여러 개의 노드를 감쌀 수 있는 훌륭한 방법이다. (여러 개의 p 태그를 div 안에 넣지 않고도 한꺼번에 처리할 수 있다.)

문서 조각을 사용하는 예제는 다음과 같다.

```
var p, t, frag;

frag = document.createDocumentFragment();

p = document.createElement('p');
t = document.createTextNode('first paragraph');
p.appendChild(t);
frag.appendChild(p);

p = document.createElement('p');
t = document.createTextNode('second paragraph');
p.appendChild(t);
frag.appendChild(p);

document.body.appendChild(frag);
```

이 예제에서는, 앞서 본 안티패턴 코드예제와 달리 〈p〉 엘리먼트를 생성할 때마다 문서를 변경하지 않고 마지막에 단 한 번만 변경한다. 화면을 다시 그리고 재계산하는 과정도 한 번만 이루어진다.

문서 조각은 새로운 노드를 트리에 추가할 때 유용하다. 하지만 문서에 이미 존재하는 트리를 변경할 때는 어떤 방식으로 일괄 변경할 수 있을까? 다음과 같이 변경하려는 서브 트리의 루트를 복제해서 변경한 뒤 원래의 노드와 복제한 노드를 맞바꾸면 된다.

```
var oldnode = document.getElementById('result'),
    clone = oldnode.cloneNode(true);

// 복제본을 가지고 변경 작업을 처리한다.
```

```
// 변경이 끝나고 나면 원래의 노드와 교체한다.
oldnode.parentNode.replaceChild(clone, oldnode);
```

8.3 이벤트

브라우저 스크립팅의 또 다른 영역은 click, mouseover와 같은 이벤트 처리다. 브라우저 이벤트 처리는 최악의 일관성을 가지고 있어서 숱한 좌절의 원인이 되곤 한다. 다시 한번 말하지만, 자바스크립트 라이브러리를 사용하면 W3C를 준수하는 브라우저와 IE(9버전 미만)를 모두 지원하기 위해 두 벌로 작업하는 수고를 덜 수 있다.

간단한 페이지에서는 라이브러리를 사용하지 않을 수도 있고, 라이브러리를 직접 만들 수도 있기 때문에 이벤트 처리를 위한 핵심 부분을 살펴보도록 하자.

이벤트 처리

우선 엘리먼트에 이벤트 리스너를 붙이는 것으로 시작한다. 클릭할 때마다 카운터의 숫자를 증가시키는 버튼이 있다고 가정해보자. 인라인 onclick 속성을 추가하면 모든 브라우저에서 잘 동작하겠지만 관심사의 분리와 점진적인 개선의 원칙에 위배된다. 따라서 마크업을 건드리지 않고 항상 자바스크립트에서 이벤트 리스너를 처리해야 한다.

다음과 같은 마크업이 있다고 가정하자.

```
<button id="clickme">Click me: 0</button>
```

간단하게 노드의 onclick 프로퍼티에 함수를 할당할 수도 있지만, 이 방법은 한 번밖에 쓸 수 없다.

```
// 차선책
var b = document.getElementById('clickme'),
    count = 0;
b.onclick = function () {
    count += 1;
    b.innerHTML = "Click me: " + count;
};
```

이 패턴으로는 하나의 클릭 이벤트에 여러 개의 함수가 실행되게 하면서 동시에 낮은 결합도를 유지하기 어렵다. 기술적으로 가능하기는 하다. onclick에 이미 함수가 할당되었는지 확인하고, 할당되어 있다면 이미 존재하는 함수를 새로운 함수안에 추가하고 이를 onclick의 값으로 대체하면 된다. 그렇지만 addEventListener() 메서드를 사용하는 게 훨씬 깔끔한 해결책이다. 이 메서드는 IE 8버전까지는 존재하지 않기 때문에 IE 8버전 이하에서는 attachEvent() 메서드를 사용해야한다.

4장에서 초기화 시점 분기 패턴을 다룰 때 크로스 브라우저 이벤트 리스너 유틸리티를 정의하는 훌륭한 구현 예제를 보았을 것이다. 여기서는 세부 사항을 건너뛰고 바로 버튼에 리스너를 붙여보자.

```javascript
var b = document.getElementById('clickme');
if (document.addEventListener) { // W3C
    b.addEventListener('click', myHandler, false);
} else if (document.attachEvent) { // IE
    b.attachEvent('onclick', myHandler);
} else { // 최후의 수단
    b.onclick = myHandler;
}
```

이제 버튼을 클릭하면, myHandler() 함수가 실행될 것이다. 이 함수가 버튼의 라벨에 쓰인 "Click me: 0"의 숫자를 증가시키도록 만들어보자. 조금 더 흥미롭게, 여러 개의 버튼을 두고 모든 버튼이 myHandler() 함수 하나만 사용하게 만들 것이다. 각 버튼 노드에 대한 참조와 카운터 숫자를 저장해두는 것은 비효율적이므로, 클릭할 때마다 생성되는 이벤트 객체로부터 필요한 정보를 구한다.

코드를 먼저 살펴보자.

```javascript
function myHandler(e) {

    var src, parts;

    // 이벤트 객체와 소스 엘리먼트를 가져온다.
    e = e || window.event;
    src = e.target || e.srcElement;

    // 버튼의 라벨을 변경한다.
    parts = src.innerHTML.split(": ");
    parts[1] = parseInt(parts[1], 10) + 1;
    src.innerHTML = parts[0] + ": " + parts[1];

    // 이벤트가 상위 노드로 전파되지 않게 한다.
    if (typeof e.stopPropagation === "function") {
        e.stopPropagation();
    }
    if (typeof e.cancelBubble !== "undefined") {
        e.cancelBubble = true;
    }
```

```
        // 기본 동작이 수행되지 않게 한다.
        if (typeof e.preventDefault === "function") {
            e.preventDefault();
        }
        if (typeof e.returnValue !== "undefined") {
            e.returnValue = false;
        }

    }
```

http://jspatterns.com/book/8/click.html에서 실행 예제를 확인해볼 수 있다. 이벤트 핸들러 함수는 네 부분으로 구성되어 있다.

- 우선 이벤트 객체를 가져온다. 이벤트 객체는 이벤트에 대한 정보와 이벤트가 발생한 엘리먼트에 대한 정보를 가지고 있다. 이 이벤트 객체는 콜백 이벤트 핸들러에 인자로 전달되며 onclick 프로퍼티를 사용한 경우에는 전역 프로퍼티인 window.event를 통해 접근할 수 있다.
- 두 번째 부분은 버튼의 이름을 변경하는 실제 작업을 수행한다.
- 그 다음에는 이벤트가 상위 노드로 전파되지 않게 한다. 사실 이 예제에서는 필요하지 않지만, 일반적으로 이벤트 전파를 막지 않으면 문서의 최상단 또는 window 객체에까지 버블링되어 올라갈 수 있다. 여기서도 두 가지 방법, 즉 W3C 표준인 방법(stopPropagation())과 IE를 위한 방법(cancelBubble)을 사용한다.
- 마지막으로, 기본 동작이 수행되지 않게 한다. 어떤 이벤트들(링크를 클릭하거나, 폼을 전송하는 등)은 지정된 기본 동작을 하는데, 필요에 따라 preventDefault()를 사용해 이를 막을 수 있다(IE에서는 returnValue를 false를 설정하면 된다).

보다시피 중복 작업이 반복되기 때문에, 7장에서 다룬 퍼사드 메서드로 이벤트 유틸리티를 만들어두는 게 좋다.

이벤트 위임

이벤트 위임 패턴은 이벤트 버블링을 이용해서 개별 노드에 붙는 이벤트 리스너의 개수를 줄여준다. div 엘리먼트 내에 열 개의 버튼이 있다면, 각 버튼 엘리먼트에 리스너를 붙이는 대신 div 엘리먼트에 하나의 이벤트 리스너만 붙인다.

div 안에 세 개의 버튼을 가지는 예제를 살펴보자(그림 8-1 참고). http://jspatterns.com/book/8/click-delegate.html에서 이벤트 위임의 실행 예제를 확인할 수 있다.

그림 8-1 이벤트 위임 예제: 클릭할 때 자신의 이름에 있는 숫자를 증가시키는 3개의 버튼

(Click me: 2) (Click me too: 11) (Click me three: 7)

사용할 마크업은 다음과 같다.

```
<div id="click-wrap">
  <button>Click me: 0</button>
  <button>Click me too: 0</button>
  <button>Click me three: 0</button>
</div>
```

각 버튼에 이벤트 리스너를 붙이는 대신 "click-wrap" div에 하나의 리스너만을 붙일 것이다. 그리고 불필요한 클릭을 걸러낼 수 있도록 이전 예제의 myHandler() 함수를 약간 수정해서 사용한다. 이 예제의 경우, 버튼에 대한 클릭만 찾으면 되기 때문에 div 내의 다른 부분에서 발생한 클릭은 무시한다.

다음과 같이 이벤트가 발생한 노드의 nodeName이 "button"인지 확인하도록 myHandler()를 변경하였다.

```
// ...
// 이벤트 객체와 이벤트가 발생한 엘리먼트를 가져온다.
e = e || window.event;
src = e.target || e.srcElement;

if (src.nodeName.toLowerCase() !== "button") {
    return;
}
// ...
```

이벤트 위임에는 불필요한 이벤트를 걸러내는 코드가 약간 추가된다는 단점이 있다. 그러나 성능상의 이점과 코드의 간결성으로 인한 장점이 단점보다 훨씬 크기 때문에 적극 추천하는 패턴이다.

최신의 자바스크립트 라이브러리는 이벤트 위임을 쉽게 사용할 수 있도록 편리한 API를 제공한다. 예를 들어 YUI3는 Y.delegate() 메서드를 가지는데, 이 메서드는 래퍼에 매칭되는 CSS 셀렉터와 이벤트에 필요한 노드에 매칭되는 또 다른 CSS 셀렉터를 지정해 사용한다. 이 메서드는 매칭되지 않는 노드에는 콜백 이벤트 핸들러 함수를 절대 호출하지 않기 때문에 편리하다. 앞선 예제에서 이벤트 리스너를 붙이는 코드를 다음과 같이 간단하게 만들 수 있다.

```
Y.delegate('click', myHandler, "#click-wrap", "button");
```

또한 YUI가 브라우저간의 차이점을 따로 처리해주기 때문에 이벤트를 발생시킨 엘리먼트를 가져오기가 더 쉽고, 콜백 함수도 훨씬 간단해진다.

```
function myHandler(e) {

    var src = e.currentTarget,
        parts;

    parts = src.get('innerHTML').split(": ");
    parts[1] = parseInt(parts[1], 10) + 1;
    src.set('innerHTML', parts[0] + ": " + parts[1]);

    e.halt();
}
```

http://jspatterns.com/book/8/click-y-delegate.html에서 실행 예제를 확인할 수 있다.

8.4 장시간 수행되는 스크립트

스크립트가 너무 오래 수행되면 때때로 브라우저가 사용자에게 스크립트를 중단시킬지 물어보는 경우가 있다. 아무리 복잡한 작업이라도 애플리케이션에서 이런 현상이 발생하는 것은 바람직하지 않다.

또한 과도한 스크립트 연산을 실행하면, 브라우저 UI는 응답불가능한 상태가 되어 사용자가 아무 것도 클릭할 수 없게 된다. 이런 상태는 사용자 경험에 해가 되므로 반드시 피해야 한다.

자바스크립트에는 스레드가 없지만, setTimeout()이나 최신 브라우저에서 지원하는 웹워커(web worker)를 사용해 스레드를 흉내낼 수 있다.

setTimeout()

많은 양의 작업을 작은 덩어리로 쪼개고 각 덩어리를 setTimeout()을 이용해 1밀리초 간격의 타임아웃을 두고 실행하는 방법으로 스레드를 시뮬레이션할 수 있다. 1밀리초 간격의 타임아웃 덩어리를 사용하면 전체적인 작업 진행 시간이 늘어날 수 있지만, UI를 응답가능한 상태로 유지함으로서 사용자가 더 편하게 브라우저를 제어할 수 있게 해준다.

 1밀리초(또는 0밀리초)의 타임아웃은 브라우저와 운영체제에 따라 실제로는 그보다 길어진다. 0밀리초로 타임아웃을 지정하는 것은 즉시 실행한다는 뜻이 아니라, "가능한 빨리" 실행한다는 의미이다. 예를 들어 IE에서 최소 시간 간격은 15밀리초이다.

웹워커

최신의 브라우저들은 장시간 수행되는 스크립트에 대한 또 다른 해결책을 제공한다. 바로 웹워커(Web Workers)다. 웹워커는 브라우저 내에서 백그라운드 스레드를 제공한다. 복잡한 계산을 분리된 파일, 예를 들어 my_web_worker.js에 두고, 메인 프로그램(페이지)에서 다음과 같이 호출한다.

```javascript
var ww = new Worker('my_web_worker.js');
ww.onmessage = function (event) {
    document.body.innerHTML +=
        '<p>백그라운드 스레드의 메시지: ' +
        event.data + "</p>";
};
```

웹워커 소스는 다음과 같이 간단한 산술 연산을 1e8(1억)번 반복한다.

```javascript
var end = 1e8, tmp = 1;

postMessage('안녕하세요');

while (end) {
    end -= 1;
    tmp += end;
    if (end === 5e7) { // 5e7은 1e8의 절반이다.
        postMessage('절반 정도 진행되었습니다. 현재 \' tmp 값\'은 ' +
                    tmp + '입니다.');
    }
}

postMessage('작업 종료');
```

웹워커는 postMessage() 메서드로 호출자(메인페이지)와 통신하며 호출자는 onmessage 이벤트를 구독해 변경 내역을 받는다. onmessage 콜백 함수는 이 벤트 객체를 인자로 받는다. 이 이벤트 객체는 data 프로퍼티를 가지는데, 웹워커 가 넘겨주는 어떤 데이터든지 그 값으로 지정될 수 있다. 이와 비슷하게 호출자 는 ww.postMessage()를 사용해 웹워커에게 데이터를 전달할 수 있고, 웹워커는 onmessage 콜백을 사용해서 그 메시지들을 구독할 수 있다.

이 예제는 브라우저에 다음과 같이 출력할 것이다.

백그라운드 스레드의 메시지: 안녕하세요
백그라운드 스레드의 메시지: 절반 정도 진행되었습니다. 현재 'tmp 값'은
3749999975000001입니다.
백그라운드 스레드의 메시지: 작업 종료

8.5 원격 스크립팅

최신의 웹애플리케이션들은 현재 페이지를 다시 로드하지 않으면서 서버와 통신하기 위해 원격 스크립팅을 자주 사용한다. 이를 통해 웹애플리케이션은 마치 데스크탑 애 플리케이션처럼 빠르게 반응하게 된다. 자바스크립트에서 서버와 통신할 수 있는 몇 가지 방법을 알아보자.

XMLHttpRequest

XMLHttpRequest는 자바스크립트에서 HTTP 요청을 생성하는 특별한 객체(생성자 함수)로, 현재 대부분의 브라우저에서 사용 가능하다. HTTP 요청을 만드는 과정은 세 단계로 이뤄진다.

1. XMLHttpRequest 객체(줄여서 XHR이라고도 한다)를 설정한다.
2. 응답 객체의 상태가 변경될 때 알림을 받기 위한 콜백 함수를 지정한다.
3. 요청을 보낸다.

첫 번째 단계는 다음과 같이 매우 쉽다.

```
var xhr = new XMLHttpRequest();
```

하지만 IE 7버전 이하에서는 XHR 기능이 ActiveX 객체로 구현되었기 때문에 별 도의 처리가 필요하다.

두 번째 단계에는 readystatechange 이벤트에 대한 콜백 함수를 지정한다.

```
xhr.onreadystatechange = handleResponse;
```

마지막 단계에는 open()과 send() 두 메서드를 사용해 요청을 보낸다. open() 메서드는 GET이나 POST 같은 HTTP 요청 방식과 URL을 설정한다. send() 메서드에는 POST 데이터를 인자로 전달하고 GET 방식인 경우 빈 문자열을 인자로 전달한다. open()의 마지막 매개변수로 요청의 비동기 여부를 지정한다. 비동기 방식인 경우 응답을 기다리는 동안 브라우저가 중단되지 않는다. 따라서 반드시 필요한 경우가 아니라면 비동기 매개변수를 항상 true로 사용해 더 나은 사용자 경험을 제공해야 한다.

```
xhr.open("GET", "page.html", true);
xhr.send();
```

다음 예제는 새로운 페이지의 내용을 가져와서 현재 페이지에 업데이트한다(데모는 http://jspatterns.com/book/8/xhr.html에서 확인할 수 있다).

```
var i, xhr, activeXids = [
    'MSXML2.XMLHTTP.3.0',
    'MSXML2.XMLHTTP',
    'Microsoft.XMLHTTP'
];

if (typeof XMLHttpRequest === "function") { // 브라우저 내장 XHR
    xhr = new XMLHttpRequest();
} else { // IE 7 이전 버전
    for (i = 0; i < activeXids.length; i += 1) {
        try {
            xhr = new ActiveXObject(activeXids[i]);
            break;
        } catch (e) {}
    }
}

xhr.onreadystatechange = function () {
    if (xhr.readyState !== 4) {
        return false;
    }
    if (xhr.status !== 200) {
        alert("Error, status code: " + xhr.status);
        return false;
    }
    document.body.innerHTML += "<pre>" + xhr.responseText +
                            "<\/pre>";
```

```
};

xhr.open("GET", "page.html", true);
xhr.send("");
```

예제를 자세히 살펴보자.

- IE 6 이하 버전을 지원하기 위해서 새로운 XHR 객체를 생성하는 절차가 약간 더 복잡해졌다. ActiveX 식별자 목록(activeXids)을 순회하여 최신 버전부터 가장 오래된 버전까지 try-catch 블록으로 감싸 객체 생성을 시도하였다.
- 콜백 함수는 xhr 객체의 readyState 프로퍼티를 확인한다. readyState 프로퍼티 값은 0부터 4까지 다섯 가지 값을 가질 수 있다. 4는 '완료'되었음을 의미한다. 아직 완료되지 않은 상태 값을 가지면, 다음 readystatechange 이벤트가 발생할 때까지 계속 대기한다.
- 콜백 함수는 xhr 객체의 status 프로퍼티도 확인한다. 이 프로퍼티는 HTTP 상태코드에 상응한다. 예를 들어 200(OK)이나 404(Not found) 값을 가진다. 오직 200 응답코드에 대해서만 반응하고 다른 모든 응답코드는 오류로 처리한다. (간단한 처리를 위해 이렇게 하지만, 필요한 경우 다른 상태코드를 확인해 적절히 처리할 수도 있다.)
- 예제 코드는 요청을 생성할 때마다 XHR 객체의 생성 방법을 재확인한다. 앞선 장에서 다루었던 패턴(예를 들면, 초기화 시점 분기)을 이용해서 단 한 번만 확인하도록 변경할 수 있다.

JSONP

원격 요청을 생성하는 또 다른 방법은 JSONP(JSON with padding)를 사용하는 방법이다. XHR과 달리 브라우저의 동일 도메인 정책의 제약을 받지 않는다. 따라서, 서드파티 사이트에서 데이터를 로딩할 수 있으므로 보안 측면에서의 영향을 고려하여 신중하게 사용해야 한다.

다음와 같은 종류의 문서가 XHR 요청에 대한 응답이 될 수 있다.

- XML 문서(예전에 많이 사용되었다).
- HTML 조각(꽤 일반적으로 사용한다).
- JSON 데이터(가볍고 편리하다).

- 간단한 텍스트 파일 또는 다른 파일

JSONP 요청에 대한 응답 데이터는 주로 JSON을 함수 호출로 감싼 형태다. 호출될 함수의 이름은 요청할 때 함께 전달한다.

예를 들어 JSONP 요청 URL은 보통 다음과 같은 형태다.

```
http://example.org/getdata.php?callback=myHandler
```

getdata.php는 웹페이지가 될 수도 있고 스크립트가 될 수도 있다. callback 매개변수에는 응답을 처리할 자바스크립트 함수를 지정한다.

요청 URL은 다음과 같이 동적으로 생성된 〈script〉 엘리먼트에 로드된다.

```
var script = document.createElement("script");
script.src = url;
document.body.appendChild(script);
```

서버는 JSON 데이터를 콜백 함수의 인자로 전달해 응답한다. 최종적으로 이 스크립트가 실제로 페이지에 삽입되면, 다음과 같이 콜백 함수가 호출된다.

```
myHandler({"hello": "world"});
```

JSONP 예제: Tic-tac-toe

Tic-tac-toe 게임 예제를 통해 JSONP의 동작을 살펴보자. 이 게임의 플레이어는 클라이언트(브라우저)와 서버다. 두 플레이어는 1부터 9 사이의 임의의 숫자를 생성하는데, 서버가 숫자를 생성할 순서가 되면 JSONP로 값을 가져올 것이다. (그림 8-2 참고)

예제 게임은 http://jspatterns.com/book/8/ttt.html에서 실행해 볼 수 있다.

게임에는 두 개의 버튼이 있다. 하나는 게임을 새로 시작하는 버튼이고, 다른 하나는 서버 차례를 진행하기 위해 사용한다(클라이언트의 순서는 타임아웃 이후에 자동으로 돌아온다).

```
<button id="new">New game</button>
<button id="server">Server play</button>
```

그림 8-2 Tic-tac-toe JSONP 게임

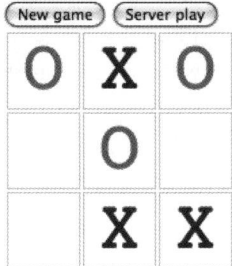

그림 8-2 Tic-tac-toe JSONP 게임

게임판은 아홉 개의 테이블 셀로 이루어지며, 각 셀은 숫자에 대응하는 id 속성을 가진다. 예를 들면 다음과 같다.

```
<td id="cell-1"> </td>
<td id="cell-2"> </td>
<td id="cell-3"> </td>
...
```

게임 전체 로직은 ttt 전역 객체에 구현하였다.

```
var ttt = {
    // 지금까지 채워진 셀
    played: [],

    // id로 엘리먼트를 가져오기 위한 도우미 함수
    get: function (id) {
        return document.getElementById(id);
    },

    // onclick 이벤트 처리
    setup: function () {
        this.get('new').onclick = this.newGame;
        this.get('server').onclick = this.remoteRequest;
    },

    // 게임판을 지운다.
    newGame: function () {
        var tds = document.getElementsByTagName("td"),
            max = tds.length,
            i;
```

```javascript
        for (i = 0; i < max; i += 1) {
            tds[i].innerHTML = " ";
        }
        ttt.played = [];
    },

    // 요청을 보낸다.
    remoteRequest: function () {
        var script = document.createElement("script");
        script.src = "server.php?callback=ttt.serverPlay&played=" +
                    ttt.played.join(',');
        document.body.appendChild(script);
    },

    // 서버가 플레이할 순서에 실행되는 콜백 함수
    serverPlay: function (data) {
        if (data.error) {
            alert(data.error);
            return;
        }
        data = parseInt(data, 10);
        this.played.push(data);

        this.get('cell-' + data).innerHTML =
            '<span class="server">X<\/span>';

        setTimeout(function () {
            ttt.clientPlay();
        }, 300); // 고민하는 것처럼 타임아웃을 둔다.
    },

    // 클라이언트가 플레이할 순서
    clientPlay: function () {
        var data = 5;

        if (this.played.length === 9) {
            alert("Game over");
            return;
        }

        // 1부터 9까지의 임의의 수를 계속 생성해서 비어 있는 셀을 찾는다.
        while (this.get('cell-' + data).innerHTML !== " ") {
            data = Math.ceil(Math.random() * 9);
        }
        this.get('cell-' + data).innerHTML = 'O';
        this.played.push(data);

    }

};
```

ttt 객체는 ttt.played에 채워진 셀의 목록을 계속 가지고 있으면서, 이 목록을 서버에 전송한다. 서버는 전송받은 목록에 포함된 숫자를 제외한 새로운 숫자를 반환한다. 오류가 발생하면, 서버는 결과를 다음과 같이 응답한다.

```
ttt.serverPlay({"error": "Error description here"});
```

보다시피, JSONP의 콜백 함수가 꼭 전역 함수일 필요는 없지만, 반드시 공개되어 전역적으로 사용가능해야 한다. 전역 객체의 메서드가 될 수도 있다. 오류가 없으면, 서버는 다음과 같은 메서드 호출을 응답한다.

```
ttt.serverPlay(3);
```

여기서 3은 서버에서 선택된 임의의 셀 번호가 3이라는 뜻이다. 이 경우에는 데이터가 너무 간단하기 때문에 JSON 형식이 필요하지도 않고, 단순히 숫자 값 하나만을 받는다.

프레임과 이미지 비컨(Image Beacons)

원격 스크립팅을 위한 또 다른 방법으로 프레임을 사용하는 방법이 있다. 자바스크립트로 iframe을 생성하고 src에 URL을 지정하는 방식이다. 이 URL에는 데이터나 iframe 외부의 부모 페이지를 업데이트하는 함수 호출을 포함할 수 있다.

원격 스크립팅의 가장 간단한 형태는 서버에 데이터를 보내기만 하고 응답을 필요로 하지 않는 것이다. 이런 경우에는 새로운 이미지를 만들고 이미지의 src를 서버의 스크립트로 지정하면 된다.

```
new Image().src = "http://example.org/some/page.php";
```

이 패턴을 이미지 비컨이라 부른다. 이 패턴은 서버에 로그를 남길 목적으로 데이터를 전송할 때, 예를 들면 방문자 통계를 수집하고자 할 때 유용하다. 비컨에는 응답이 필요 없기 때문에 일반적으로 서버는 1x1픽셀 크기의 GIF 이미지를 보낸다(하지만 안티패턴이다). 이보다는 "204 No Content" HTTP 상태코드를 보내는 것이 더 좋다. 이 상태코드의 의미는 응답에 헤더만 있고 클라이언트에게 되돌려 줄 바디가 없다는 뜻이다.

8.6 자바스크립트 배포

자바스크립트를 서비스할 때 성능 측면에서 고려해야 할 사항들이 있다. 가장 중요하고 수준 높은 몇 가지를 살펴보자. 좀더 자세한 내용은 O'Reilly에서 출간된 『High Performance Web Sites(2007)』와 『Even Faster Web Sites(2009)』를 참고하라. [1]

스크립트 병합

빠르게 로딩되는 페이지를 구축하기 위한 첫 번째 규칙은 가능한 외부 자원의 수를 줄이는 것이다. HTTP 요청은 비용이 많이 들기 때문이다. 자바스크립트의 측면에서 외부 스크립트 파일들을 병합하면 페이지 로딩시간을 크게 줄일 수 있다.

어떤 페이지가 jQuery 라이브러리를 사용하고 있다고 하자. jQuery는 하나의 .js 파일이다. 여기에 jQuery 플러그인도 몇 가지 쓰고 있다고 하자. 이들 또한 개별 파일로 존재한다. 그렇다면 단 한 줄의 코드도 쓰기 전에 이미 파일 개수가 네다섯 개나 된다. 특히 파일 크기가 2~3킬로바이트 정도로 작다면, 파일을 다운로드하는 시간보다 HTTP 부하가 더 크다고 할 수 있다. 이런 파일들은 하나로 합치는 것이 좋다. 스크립트 병합은 단순히 새로운 파일을 만들고 개별 파일의 내용을 하나로 붙여넣는 작업을 뜻한다.

물론 파일을 병합하면 디버깅이 어려워지기 때문에 개발 단계가 아닌 출시 직전에 적용해야 한다.

스트립트 병합의 단점은 다음과 같다.

- 출시 준비에 한 단계가 추가된다. 하지만 이는 쉽게 자동화할 수 있으며 커맨드 라인에서도 수행할 수 있다. 예를 들어 리눅스/유닉스의 cat 명령을 사용해 병합할 수 있다.

```
$ cat jquery.js jquery.quickselect.js jquery.limit.js > all.js
```

- 캐싱으로 인한 이득을 보지 못할 수 있다. 여러 파일 중 파일 하나만 약간 수정하더라도 전체 캐싱을 무효화하게 된다. 따라서 큰 프로젝트인 경우 출시 일정

---

1 (옮긴이) 번역서는 각각 『웹 사이트 최적화 기법』(ITC, 2008)과 『초고속 웹사이트 구축』(위키북스, 2010)이다.

을 두고 운영하거나 두 개의 묶음, 즉 수정 가능성이 있는 묶음과 거의 변경되지
않는 '코어' 묶음으로 구성하는 것이 좋다.
- all_20100426.js와 같은 타임스탬프나 파일 내용의 해시를 이용하는 것처럼 묶음을 구성하기 위한 명명 규칙 또는 버전 지정 패턴을 정할 필요가 있다.

단점들을 요약해보면 주로 귀찮은 것들인데, 약간의 불편함을 감수한다면 훨씬
큰 이득을 얻을 수 있다.

코드 압축과 gzip 압축

2장에서 코드 압축에 대해서 이야기했었다. 압축 프로세스를 출시를 위한 배포 프로
세스에 포함시키는 것 역시 중요하다.

사용자 관점에서 보면, 코드 내 주석은 애플리케이션이 동작하는 데 아무런 상관
이 없기 때문에 다운로드할 필요가 없다.

코드 압축의 효과는 주석과 공백을 얼마나 많이 사용했는지, 그리고 어떤 압축
도구를 사용하는지에 따라서 달라질 수 있다. 하지만 평균적으로 파일 크기를 50퍼
센트 정도 줄일 수 있다.

또한 스크립트 파일은 항상 gzip 압축을 적용해 전송해야 한다. 단 한 번 gzip
압축을 적용하도록 서버 설정을 변경하는 것으로 즉각적인 성능 향상을 기대할 수
있다. 서버 설정 권한을 주지않는 공유 호스팅 업체를 사용하더라도 대부분의 업체
들은 최소한 .htaccess 아파치 설정 파일은 수정할 수 있게 해줄 것이다. gzip 압
축을 적용하기 위해서는 다음과 같은 내용을 웹 루트의 .htaccess 파일에 추가하
면 된다.

```
AddOutputFilterByType DEFLATE text/html text/css text/plain text/
xml
application/javascript application/json
```

gzip 압축은 평균적으로 파일을 70퍼센트정도 작게 만든다. 코드 압축과 gzip 압
축을 모두 적용하면 사용자는 이전 용량의 15퍼센트 정도만을 다운로드하게 될 것
이다.

Expires 헤더

파일은 브라우저 캐시에 생각보다 오래 머물지 않는다. 다시 접속하는 사용자들을 위해 Expires 헤더를 적용하여 파일들이 캐시될 확률을 높여야 한다.

Expires 헤더 적용 또한 단 한 번의 서버 설정으로 가능하다. 다음과 같이 .htaccess 파일을 수정하면 된다.

```
ExpiresActive On
ExpiresByType application/x-javascript "access plus 10 years"
```

Expires 헤더 적용의 단점은 파일을 수정하고 배포하려면 파일의 이름을 바꾸어야 한다는 것이다. 하지만 파일 병합을 위해 명명 규칙을 이미 정했다면 문제가 되지 않을 것이다.

CDN 사용

CDN(Content Delivery Network)은 콘텐츠 전송 네트워크를 말한다. CDN은 세계곳곳의 서로 다른 여러 데이터 센터에 파일의 복사본들을 배치하여, 동일한 URL을 유지하면서도 더 빨리 사용자에게 전송해 준다. CDN은 유료 호스팅 서비스이며 꽤 비싸다.

CDN을 사용할 만한 비용의 여유가 없더라도, CDN의 이점을 무료로 누릴 수 있는 몇 가지 방법들이 있다.

- 구글은 인기있는 오픈소스 라이브러리들을 CDN으로 제공한다. 이 라이브러리들을 무료로 링크해서 사용할 수 있다.
- 마이크로소프트는 jQuery와 자사 Ajax 라이브러리들을 제공한다.
- 야후는 YUI 라이브러리를 CDN으로 제공한다.

8.7 로딩 전략

웹 페이지에 스크립트를 포함시키는 방법은 간단하다. 다음과 같이 <script> 엘리먼트를 사용해 인라인 자바스크립트 코드를 쓰거나 src 속성에 개별 파일을 링크하면 된다.

```
// 인라인 자바스크립트
<script>
console.log("hello world");
</script>
// src 속성에 링크를 지정
<script src="external.js"></script>
```

하지만 고성능의 웹 애플리케이션을 만들기 위해서는 더 많은 사항들을 고려해야 하고 다양한 로딩 패턴들에 대해서 알아두어야 한다.

시작하기에 앞서 개발자들이 자주 사용하는 〈script〉 엘리먼트의 일반적인 속성들을 먼저 살펴보자.

language="JavaScript"

language 속성의 값은 "JavaScript"와 같이 대문자를 포함하기도 하고 때로는 버전명과 함께 쓰이기도 한다. script 엘리먼트를 쓰는 것이 암묵적으로 자바스크립트의 사용을 의미하기 때문에 이 속성은 사용할 필요가 없다. 버전명 지정 또한 관습적인 실수이며 제대로 동작하지 않는다.

type="text/javascript"

type 속성은 HTML4와 XHTML1 표준에서는 필수 속성이지만, 반드시 있어야 하는 것은 아니다. type 값이 없더라도 브라우저는 자바스크립트로 간주하기 때문이다. HTML5에서는 type 속성이 필수가 아니다. 마크업 유효성 검사를 통과하기 위해서가 아니라면, type 속성을 사용할 이유가 전혀 없다.

defer

폭 넓게 지원되지는 않지만 defer 속성을 사용하면 외부 스크립트 파일을 다운로드하는 동안 나머지 부분의 다운로드가 차단되는 현상을 피할 수 있다. (HTML5에는 조금 더 개선된 async 속성이 도입되었다.) 이 현상에 대한 내용은 이후에 조금 더 자세하게 다룰 것이다.

〈script〉 엘리먼트의 위치

〈script〉 엘리먼트는 페이지 다운로드의 진행을 차단한다. 브라우저는 여러 개의 요소들을 동시에 다운로드하는데, 외부 스크립트를 만나면 해당 스크립트가 다운로드되고 파싱되어 실행될 때까지 나머지 파일의 다운로드를 중단한다. 이 때문에 전체 페이지를 로드하는 데 걸리는 시간이 길어지며 특히 이런 현상이 여러 번 발생할 경우 더욱 심해진다.

다운로드 차단 현상을 최소화하기 위해서는 〈script〉 엘리먼트를 페이지의 맨 마지막 부분 즉, 닫는 〈/body〉 태그 바로 앞에 위치시켜야 한다. 이렇게 하면 다운로드가 차단될 만한 다른 리소스가 사라진다. 나머지 페이지 요소들은 이미 다운로드되어 사용자에게 보여지고 있을 것이다.

최악의 안티패턴은 여러 개의 외부 스크립트를 문서의 head에 선언하는 것이다.

```html
<!doctype html>
<html>
<head>
  <title>My App</title>
  <!-- 안티패턴 -->
  <script src="jquery.js"></script>
  <script src="jquery.quickselect.js"></script>
  <script src="jquery.lightbox.js"></script>
  <script src="myapp.js"></script>
</head>
<body>
    …
</body>
</html>
```

모든 스크립트 파일을 하나로 병합하는 것은 그나마 나은 방법이다.

```html
<!doctype html>
<html>
<head>
  <title>My App</title>
  <script src="all_20100426.js"></script>
</head>
<body>
  ...
</body>
</html>
```

가장 좋은 방법은 병합된 스크립트를 페이지의 맨 마지막에 두는 것이다.

```html
<!doctype html>
<html>
<head>
  <title>My App</title>
</head>
<body>
  ...
```

```
      <script src="all_20100426.js"></script>
   </body>
</html>
```

HTTP Chunked 인코딩 사용

HTTP 프로토콜은 소위 chunked 인코딩을 지원한다. 이를 이용해 페이지를 몇 조각으로 나누어 전송할 수 있다. 복잡한 페이지에 chunked 인코딩을 적용하면, 서버 측 작업이 완전히 끝날 때까지 기다릴 필요 없이, 상대적으로 정적인 페이지 상단부분을 먼저 전송하기 시작할 수 있다.

간단한 전략 중 하나로 페이지의 나머지 부분이 만들어지는 동안 〈head〉 부분을 첫 번째 조각으로 전송하는 방법이 있다. 다시 말해서 다음과 같은 형태가 될 수 있다.

```
<!doctype html>
<html>
<head>
   <title>My App</title>
</head>
<!-- 첫 번째 조각의 끝 -->
<body>
   ...
   <script src="all_20100426.js"></script>
</body>
</html>
<!-- 두 번째 조각의 끝 -->
```

자바스크립트를 다시 〈head〉 안에 집어넣고 첫 번째 조각으로 전송하면 간단하게 조금 더 개선할 수 있다. 이렇게 하면 서버 측에서 페이지의 나머지 부분이 준비되는 동안 브라우저는 문서 상단부 head 안에 있는 스크립트 파일을 다운로드하기 시작한다.

```
<!doctype html>
<html>
<head>
   <title>My App</title>
   <script src="all_20100426.js"></script>
</head>
<!-- 첫 번째 조각의 끝 -->
<body>
   ...
</body>
```

```
</html>
<!-- 두 번째 조각의 끝 -->
```

페이지 맨 마지막에 세 번째 조각을 두어 스크립트만 모아놓고 전송하는 게 가장 좋은 방법이다. 모든 페이지의 상단이 어느 정도 정적인 내용으로 구성되어 있다면, 첫 번째 조각에 본문 〈body〉의 일부분까지 포함시킬 수도 있다.

```
<!doctype html>
<html>
<head>
  <title>My App</title>
</head>
<body>
  <div id="header">
    <img src="logo.png" />
    ...
  </div>
  <!-- 첫 번째 조각의 끝 -->
  ... 페이지 본문 전체 ...
  <!-- 두 번째 조각의 끝 -->
  <script src="all_20100426.js"></script>
</body>

</html>
<!-- 세 번째 조각의 끝 -->
```

이 접근 방법은 점진적인 개선과 무간섭적인 자바스크립트의 원칙에도 잘 들어 맞는다. 두 번째 HTML 조각까지 완료된 직후에는 마치 브라우저에서 자바스크립트를 비활성화시킨 상태처럼 페이지가 완전히 로드되어 화면에 표시되고 사용가능해야 한다. 그리고 나서 세 번째 조각이 완료되면, 자바스크립트가 페이지를 향상시키고 부가기능을 덧붙인다.

다운로드를 차단하지 않는 동적인 〈script〉 엘리먼트

이미 언급한 것처럼, 자바스크립트는 뒤이어 오는 파일들의 다운로드를 차단한다. 하지만 이를 방지할 수 있는 몇 가지 패턴이 있다.

- XHR 요청으로 스크립트를 로딩한 다음 응답 문자열에 eval()을 실행시키는 방법. 동일 도메인 제약이 따르고 그 자체로 안티패턴인 eval()을 사용해야 한다는 단점이 있다.
- defer와 async 속성을 사용하는 방법. 일부 브라우저에서만 동작한다.

- 〈script〉 엘리먼트를 동적으로 생성하는 방법.

마지막에 언급한 〈script〉 엘리먼트를 동적으로 생성하는 방법이 가장 좋고 쓸 만한 패턴이다. JSONP에서 논했던 것과 비슷하게, 새로운 script 엘리먼트를 생성 하고, src 속성을 지정해 페이지에 붙인다.

다음은 다른 파일의 다운로드를 차단하지 않고 자바스크립트 파일을 비동기적으 로 로드하는 예다.

```
var script = document.createElement("script");
script.src = "all_20100426.js";
document.documentElement.firstChild.appendChild(script);
```

그러나 이 패턴을 적용하여 메인 .js 파일을 로드하는 동안에는, 이 파일에 의존하 여 동작하는 다른 스크립트 엘리먼트를 쓸 수 없다는 단점이 있다. 비동기 방식이므 로 언제 로드가 완료될지 보장할 수 없고, 뒤이어 선언된 스크립트가 아직 정의되지 않은 객체를 참조할 수 있기 때문이다.

이 문제를 해결하려면 모든 인라인 스크립트를 바로 실행하는 대신 배열 안의 함 수로 모아두어야 한다. 그리고 나서 비동기로 js 파일을 받고난 뒤 버퍼 배열 안에 모아진 모든 함수를 실행한다. 결국 이를 위해서는 세 단계를 거쳐야 한다.

첫 번째로, 모든 인라인 코드를 저장해 둘 배열을 가능한 한 페이지의 최상단에 만 든다.

```
var mynamespace = {
    inline_scripts: []
};
```

그리고 나서 각 인라인 스크립트를 함수로 감싸 inline_scripts 배열에 넣는다. 즉, 다음과 같이 만든다.

```
// 수정 전:
// <script>console.log("I am inline");</script>

// 수정 후:
<script>
mynamespace.inline_scripts.push(function () {
    console.log("I am inline");
});
</script>
```

마지막 단계에는 비동기로 로드된 js 스크립트가 인라인 스크립트의 버퍼 배열을 순회하면서 배열 안의 모든 함수를 실행한다.

```
var i, scripts = mynamespace.inline_scripts, max = scripts.length;
for (i = 0; i < max; max += 1) {
    scripts[i]();
}
```

〈script〉엘리먼트 붙이기

일반적으로 스크립트는 문서의 〈head〉에 추가된다. 하지만 스크립트는 (JSONP 예제에서처럼) 〈body〉를 포함한 어떤 엘리먼트에도 붙일 수 있다.

이전의 예제에서는 〈head〉에 스크립트를 붙일 때 다음과 같이 documentElement를 사용했다. documentElement는 〈html〉을 가리키고 그 첫 번째 자식은 〈head〉이기 때문이다.

```
document.documentElement.firstChild.appendChild(script);
```

다음과 같은 방법도 일반적이다.

```
document.getElementsByTagName("head")[0].appendChild(script);
```

마크업을 직접 제어하고 있다면 문제가 없지만, 여러분이 위젯이나 광고를 만들고 있고 어떤 구조의 페이지에 삽입될지 알 수 없다면 어떻게 해야 할까? 엄밀히 말하면 페이지에 〈head〉태그나 〈body〉태그가 없을 수도 있다. 하지만 document.body 는 〈body〉없이도 대부분 확실히 동작하기 때문에 다음과 같이 처리할 수 있다.

```
document.body.appendChild(script);
```

사실 페이지에서 스크립트를 실행한다는 얘기는 최소한 하나의 스크립트 태그가 존재한다는 뜻이다. 인라인 엘리먼트든 외부 파일이든 스크립트 태그가 하나도 없다면 코드는 실행될 수 없을 것이다. 이 사실을 이용하여 다음과 같이 페이지 내에서 찾아낸 첫 번째 스크립트 엘리먼트에 insertBefore()를 사용해 스크립트를 붙일 수 있다.

```
var first_script = document.getElementsByTagName('script')[0];
first_script.parentNode.insertBefore(script, first_script);
```

여기서 first_script는 페이지 내에 존재하는 스크립트 엘리먼트이고, script는 새로 생성한 스크립트 엘리먼트다.

게으른 로딩

게으른 로딩은 외부 파일을 페이지의 load 이벤트 이후에 로드하는 기법을 말한다. 대체로 큰 묶음의 코드를 다음과 같이 두 부분으로 나누는 것이 유리하다.

- 페이지를 초기화하고 이벤트 핸들러를 UI 엘리먼트에 붙이는 핵심 코드를 첫 번째 부분으로 정한다.
- 사용자 인터랙션이나 다른 조건들에 의해서만 필요한 코드를 두 번째 부분으로 나눈다.

게으른 로딩의 목적은 페이지를 점진적으로 로드하고 가능한 빨리 무언가를 동작시켜 사용할 수 있게 하는 것이다. 나머지는 사용자가 페이지를 살펴보는 동안 백그라운드에서 로드한다.

두 번째 부분을 로딩하기 위해 동적 스크립트 엘리먼트를 head나 body에 붙이는 방법을 다시 사용한다.

```
... 페이지의 전체 본문 ...
<!-- 두 번째 조각의 끝 -->
<script src="all_20100426.js"></script>
<script>
window.onload = function () {
    var script = document.createElement("script");
    script.src = "all_lazy_20100426.js";
    document.documentElement.firstChild.appendChild(script);
};
</script>
</body>
</html>
<!-- 세 번째 조각의 끝 -->
```

대부분의 애플리케이션에서 게으른 로딩이 적용되는 코드의 크기가 핵심 코드에 비해 큰데, 그 이유는 흥미로운 '동작'(드래그앤드랍, XHR, 애니메이션 같은)은 핵심 코드를 초기화한 이후에만 발생하기 때문이다.

주문형 로딩

게으른 로딩 패턴은 추가 자바스크립트 코드를 사용할 가능성이 높다고 가정하고 페이지 로드 후 무조건 로드한다. 조금 더 개선해 코드 일부분, 즉 정말로 필요한 부분만 로드하도록 만들 수도 있을까?

페이지에 여러 개의 탭을 가진 사이드바가 있다고 가정해보자. 탭을 클릭하면 내용을 가져오기 위해 XHR 요청을 보내고, 응답을 받아 탭 내용을 갱신하며, 색상을 흐리게 만드는 애니메이션을 보여준다. 만약 이 부분에서만 XHR과 애니메이션 라이브러리를 사용하는데, 사용자가 탭을 한 번도 클릭하지 않는다면 어떻게 될까?

주문형 로딩(loading on demand) 패턴을 적용하면 이런 경우에 효율적으로 대응할 수 있다. 로드할 스크립트의 파일명과, 이 스크립트가 로드된 후에 실행될 콜백 함수를 받는 require() 함수 또는 메서드를 만들어보자.

require() 함수는 다음과 같은 형태로 호출된다.

```
require("extra.js", function () {
    functionDefinedInExtraJS();
});
```

이 함수를 어떻게 구현할 수 있는지 살펴보자. 추가 스크립트를 요청하기는 간단하다. 동적 〈script〉 엘리먼트 패턴을 사용하면 된다. 브라우저간의 차이점 때문에 스크립트가 언제 로드되었는지를 알아내기는 약간 까다롭다.

```
function require(file, callback) {

    var script = document.getElementsByTagName('script')[0],
        newjs = document.createElement('script');

    // IE
    newjs.onreadystatechange = function () {
        if (newjs.readyState === 'loaded' || newjs.readyState ===
'complete') {
            newjs.onreadystatechange = null;
            callback();
        }
    };

    // 그 외의 브라우저
    newjs.onload = function () {
        callback();
    };

    newjs.src = file;
```

```
        script.parentNode.insertBefore(newjs, script);
}
```

이 구현 방법을 자세히 살펴보자.

- IE에서는 readystatechange 이벤트를 구독하고 readyState 값이 "loaded" 또
  는 "complete"인지 확인한다. 다른 모든 브라우저는 이를 무시할 것이다.
- 파이어폭스, 사파리, 그리고 오페라에서는 onload 프로퍼티로 load 이벤트를
  구독한다.
- 이 방법은 Safari 2버전에서는 동작하지 않는다. 이 브라우저도 지원해야 한다
  면 특정 변수(추가적인 파일에서 선언된)가 정의되었는지를 반복적으로 확인하
  도록 타이머로 시간 간격을 설정해야 한다. 정의가 되었다면, 새로운 스크립트
  가 로드되고 실행되었다는 뜻이다.

네트워크 지연을 흉내내기 위해 인위적으로 지연시킨 ondemand.js.php라는 스
크립트를 생성하여 이 구현을 테스트할 수 있다. 예를 들면 다음과 같다.

```
<?php
header('Content-Type: application/javascript');
sleep(1);
?>
function extraFunction(logthis) {
    console.log('loaded and executed');
    console.log(logthis);
}
```

이제 require() 함수를 테스트해보자.

```
require('ondemand.js.php', function () {
    extraFunction('loaded from the parent page');
    document.body.appendChild(document.createTextNode('done!'));
});
```

이 코드는 콘솔에 두 줄을 출력하고 페이지에 "done!"을 표시할 것이다. 실행 예
제는 http://jspatterns.com/book/7/ondemand.html에서 확인할 수 있다.

자바스크립트 사전 로딩

게으른 로딩 패턴과 주문형 로딩 패턴에서는, 현재 페이지에 필요한 스크립트를 페이
지 로드 이후에 로드한다. 이 뿐만 아니라 현재 페이지에서는 필요하지 않지만 다음

으로 이동하게 될 페이지에서 필요한 스크립트를 미리 로드할 수도 있다. 이 방법을 이용하면, 사용자가 두 번째 페이지에 도착했을 때, 이미 스크립트가 로드되어 있기 때문에 전체적으로 더 빠른 속도를 경험하게 된다.

사전 로딩은 동적 스크립트 패턴으로 간단하게 구현할 수 있다. 하지만 짧은 시간일지라도 사전 로딩된 스크립트가 파싱되고 실행되기 때문에 자바스크립트 에러를 발생할 수도 있다. 스크립트는 이미 두 번째 페이지에서 실행되고 있다고 간주하기 때문이다. 예를 들어 특정 DOM 노드를 찾으려 한다면 에러가 발생할 것이다.

스크립트가 파싱되거나 실행되지 않게 로드할 수도 있다. 이 방법은 CSS나 이미지 파일에도 적용할 수 있다.

IE에서는 이미지 비컨 패턴으로 요청을 만들면 된다.

```
new Image().src = "preloadme.js";
```

IE 이외의 브라우저에서는 스크립트 엘리먼트 대신에 〈object〉 엘리먼트를 사용하고 data 속성 값에 로드할 스크립트의 URL을 가리키도록 지정하면 된다.

```
var obj = document.createElement('object');
obj.data = "preloadme.js";
document.body.appendChild(obj);
```

〈object〉가 브라우저에 보이지 않게 하기 위해서, width와 height 속성 값도 0 으로 설정해야 한다.

범용의 preload() 함수나 메서드를 만들고 초기화 시점 분기 패턴(4장)으로 브라우저간의 차이를 처리할 수도 있다.

```
var preload;
if (/*@cc_on!@*/false) { // 조건 주석문으로 IE를 탐지한다.
    preload = function (file) {
        new Image().src = file;
    };
} else {
    preload = function (file) {
        var obj = document.createElement('object'),
        body = document.body;
        obj.width = 0;
        obj.height = 0;
        obj.data = file;
        body.appendChild(obj);
    };
}
```

새로 만든 함수를 사용해보자.

```
preload('my_web_worker.js');
```

이 패턴의 단점은 사용자 에이전트 탐지 코드를 포함한다는 것이다. 그렇지만 이 경우에는 기능 탐지로는 브라우저의 동작을 충분히 알 수 없기 때문에 불가피 한 경우에만 사용해야 한다. 예를 들어 이 패턴에서 이론적으로는 typeof Image가 "function"인지 확인하고 이를 기능 탐지 대신 사용할 수 있다. 하지만 모든 브라우 저가 new Image()를 지원하기 때문에 해결책이 될 수 없다. 어떤 브라우저는 이미 지를 위한 별도의 캐시를 가지고 있어서, 이미지 비컨으로 사전 로딩한 스크립트나 요소들을 캐시에서 가져와 사용하지 않고 이동한 페이지에서 다시 다운로드하기도 한다.

조건 주석문을 사용한 브라우저 탐지는 그 자체로 매우 흥미롭다. 이 방법은 navigator.userAgent 안의 문자열을 탐색하는 것 보다 조금 더 안전하다. navigator.userAgent 값은 사용자가 쉽게 변경할 수 있기 때문이다.
다음 코드는 모든 브라우저에서(주석을 무시하기 때문에) isIE에 false 값을 설정할 것 이다.

```
var isIE = /*@cc_on!@*/false;
```

하지만 인터넷 익스플로러에서는 true가 되는데, 조건 주석 내의 반대를 뜻하는 ! 때문 이다. IE는 코드를 다음과 같이 해석한다.

```
var isIE = !false; // true
```

사전 로딩 패턴은 스크립트 뿐만 아니라 모든 종류의 요소들에 적용할 수 있다. 예를 들면 로그인 페이지에서 유용하게 사용할 수 있다. 사용자가 자신의 아이디를 입력하는 시간을 이용해 전혀 알아차리지 못하게 사전 로딩을 시작할 수 있다. 어쨌 든 사용자는 로그인한 뒤 다음 페이지로 이동할 것이기 때문이다.

8.8 요약

앞 장까지는 대부분 실행 환경과 무관한 자바스크립트 핵심 패턴을 다루었던 반면 에, 이 장에서는 클라이언트 측 브라우저 환경에서만 적용할 수 있는 패턴에 초점을 맞추었다.

다음과 같은 내용을 살펴보았다.

- 관심사의 분리(HTML:내용, CSS:표현, 자바스크립트:행동), 무간섭적인 자바스크립트 그리고 기능 탐지와 브라우저 탐지 (마지막 절에서는 브라우저 탐지를 사용했다)
- DOM 스크립팅 - DOM 접근과 조작 속도를 개선하는 패턴. DOM을 건드리는 것은 항상 비용이 들기 때문에 여러 DOM 수행을 일괄처리하는 것이 핵심이다.
- 이벤트, 크로스브라우저 이벤트 핸들링 그리고 이벤트 리스너의 개수를 줄이고 성능을 개선하기 위한 이벤트 위임의 사용
- 장시간 수행되는 무거운 계산을 처리하기 위한 두 가지 패턴. 즉, 복잡한 긴 수행을 작은 조각으로 쪼개는 setTimeout()과 최신 브라우저에서의 웹워커의 사용 방법
- 원격 스크립팅 그리고 서버와 클라이언트 사이의 다양한 커뮤니케이션 패턴 - XHR, JSONP, 프레임과 이미지 비컨
- 출시 과정에서의 자바스크립트 배포 단계 - 스크립트가 적은 수로 결합되었는지, 압축(minify)되고 gzip이 적용되었는지, 더욱 이상적인 CDN 호스팅이 적용되었는지와 캐시 개선을 위해 expires 헤더를 지정하였는지 확인한다.
- 성능 최적화를 위해 페이지에 스크립트를 로드하는 패턴 - 〈script〉 엘리먼트의 다양한 위치와 HTTP chunked 인코딩을 활용하는 방법 그리고 초기에 큰 스크립트를 로드하지 않도록 하는 자바스크립트의 게으른 로딩, 사전 로딩, 주문형 로딩 패턴 또한 다루었다.

찾아보기